# 平流层通信技术

主编　郑剑云

编著　张海勇　牛　海　王　睿　郭　谊
　　　李　利　宋　南　孙　欣

国防工业出版社
·北京·

# 内 容 简 介

本书以平流层通信为背景,较全面地介绍了平流层通信系统的构成、信道传播特性、系统设计、可靠性技术、抗干扰技术以及平流层通信军民应用等内容。

本书内容较丰富,概念清楚,取材新颖,理论联系实际,反映了近年来平流层通信技术的现状与发展。其可作为高等学校无线电技术、通信与信息系统等专业的高年级本科生或研究生在通信新技术研究领域的理论和实践参考书,也可作为军事通信工程技术人员、科研人员及通信指挥人员的参考书。

**图书在版编目(CIP)数据**

平流层通信技术 / 郑剑云主编. —北京:国防工业出版社,2020.1
ISBN 978-7-118-11984-8

Ⅰ. ①平… Ⅱ. ①郑… Ⅲ. ①平流层通信-通信技术-研究 Ⅳ. ①TN929.2

中国版本图书馆 CIP 数据核字(2019)第 227480 号

※

*国防工业出版社*出版发行
(北京市海淀区紫竹院南路 23 号 邮政编码 100048)
三河市众誉天成印务有限公司印刷
新华书店经售

*

开本 710×1000 1/16 印张 9¾ 字数 150 千字
2020 年 1 月第 1 版第 1 次印刷 印数 1—1500 册 定价 59.00 元

**(本书如有印装错误,我社负责调换)**

国防书店:(010)88540777 发行邮购:(010)88540776
发行传真:(010)88540755 发行业务:(010)88540717

# 前　言

通信理论与技术是当代人们研究的热点内容之一，平流层通信技术是一项能使无线电通信发生重大变革的新技术。它利用平流层稳定的气象条件和良好的电波传输特性，通过平台实现地面用户之间、平台之间或平台与卫星之间的通信连接，具有布局灵活、应用广泛、成本低廉、安全可靠等优点。吴佑寿院士曾指出，积极开展高空平台与有关信息系统的研究，有助于我国在通信事业上与国际先进技术保持同步，为通信事业开拓一个新的领域。

平流层通信具有深远的应用价值。在民用方面，平流层通信可用于自然灾害快速响应、边境控制、平流层直播电视等，也可以利用若干个平流层平台构成越洋宽带数字通信网，为在远洋航线上的船舶提供语音、数据、视频、传呼和广播服务。在军事上，可对重点区域进行连续长时间监视和观测，对战场进行准确评估；可作为电子干扰与对抗平台，对来袭飞机和导弹等目标实施电子干扰及对抗；可作为无线通信中继平台，提供超视距通信；可作为导弹防御平台，用来监视来袭飞机、舰船和巡航导弹等。因此，平流层通信系统的研究对于国家的发展极为重要。

本书共6章：第1章介绍平流层通信的特点、系统构成、工作频段和覆盖范围等内容；第2章讨论平流层通信的信道传播特性，包括大尺度衰落模型和小尺度衰落模型；第3章研究平流层通信系统的设计，分析平流层通信系统组成以及高空平台天线设计和选择，并对平流层通信系统裕量进行分析；第4章研究采用 Turbo 码和 LDPC 码等新型信道编码方法增强平流层通信可靠性的技术；第5章研究基于扩频理论提升平流层通信系统抗人为干扰的方法；第6章介绍平流层通信的发展现状以及军事应用和民事应用。

本书由郑剑云统稿主编，第1、3、4、5章由郑剑云、张海勇、牛海、宋南编写；第2章由郑剑云、王睿、郭谊、李利、孙欣编写；第6章由郑剑云、张海勇、牛海、王睿编写。

本书可作为高等学校通信工程专业高年级本科生和研究生通信新技术研究的理论与实践参考书。

由于作者水平有限，书中不妥之处在所难免，敬请读者批评指正。

编　者
2019 年 7 月

# 目　　录

# 第1章 绪 论

## 1.1 引 言

无线通信技术的飞速发展正前所未有地改变着人们的生活，人们对无线通信业务也提出了越来越高的要求，目前地面无线通信和卫星无线通信系统都存在弱点。在这样的背景下，平流层通信正在成为越来越热门的话题，它利用平流层稳定的气象条件和良好的电波传输特性，通过平台实现地面用户之间、平台之间或平台与卫星之间的通信连接，具有布局灵活、应用广泛、成本低廉、安全可靠等优点。平流层平台所在空间处于各种通信卫星和地面接力通信站之间，是地球上空一片尚未开垦的"处女地"，它的开发对未来通信发展具有极大意义[1]。

平流层通信系统是由美国空间站国际（Sky Station International，SSI）公司提出的一个崭新的通信系统[2]。平流层通信是指利用位于平流层的高空平台电台（High Altitude Platform Stations，HAPS）作为中继或交换中心，与地面控制设备、入口设备以及多种无线用户构成的通信系统，可以提供多用户、多用途的各种固定、移动通信业务。可以用充氦飞艇、气球或太阳能动力飞机[3]作为安置转发站的平台。平流层中主要的挑战是如何保证通信平台的稳定。在世界上大多数地区，17～22km 的有效高度是相对稳定的，所以平流层通信平台高度距地面一般为 17～22km[4-8]。若平台高度为 20km，则可以实现地面覆盖半径约 500km 的通信区，若在平流层安置 250 个充氦飞艇，可以实现覆盖全球 90%以上的人口[9-10]。在一个平流层平台的覆盖范围内，仍然可以采用蜂窝网结构组织通信[10]。

平流层通信系统是一种通用、宽带、低造价的通信系统，通过对它的研究可以弥补发达地区和欠发达地区在通信领域的差距。目前普遍认为平流层通信是继卫星通信、光纤通信、蜂窝通信后通信技术的又一重大革新。HAPS有可能成为地面无线通信系统和卫星通信系统之后第三个无线通信系统[10]。平流层通信系统的开发应用将是未来通信技术发展的重要方向。

## 1.2　平流层通信特点

平流层通信的研究热潮是随着地面通信频谱资源日趋紧张的背景而生的。HAPS 综合了地面无线系统和卫星系统的技术优点，理论上可以用少量的网络设施实现大区域和高密度覆盖，与地面无线系统需要土地进行站址建设和卫星系统需要发射卫星以及修建地面站截然不同，HAPS 可以大幅度降低成本，同时也可以减小对人体的电磁辐射。可见，平流层通信系统既具有两者的优点，又不同程度地避免了两者的缺点，拥有明显的优势[3]：

（1）与卫星技术相比，平流层信息平台与地面的距离只有卫星高度的1/1800（高轨）、1/500（中轨）、1/50（低轨），无线信号传播延迟小（从 250ms 减少到 0.5ms）、自由空间衰耗小（分别减少 65dB、54dB 和 34dB），有利于广域通信终端的小型化、宽带化和毫米波化，特别是 40GHz 以上频段。

（2）与地面系统相比，平流层信息平台作用距离远，覆盖区域大，无线信道衰落小，平流层通信系统的路径损耗符合莱斯分布，与距离的平方成反比（20dB/10oct），地面系统的路径损耗为瑞利分布，在城市中一般与距离的四次方成反比（40dB/10oct）。

（3）平流层信息平台与卫星平台相比可以采用更先进的通信技术（如大于 700 个的波束形成技术），承载更复杂的有效载荷（如移动 ATM 交换机）。

（4）平流层信息平台可以回收，维护或维修方便，技术过时的风险可以大大降低，而且不会像卫星那样失效后变成空间垃圾，有利于环境保护。此外，平台高度在民航高度以上，也不会对空中航行安全造成影响。

（5）系统容量大。若平流层通信系统的工作频段为上行 47.2～47.5GHz 和下行 47.9～48.2GHz，信息平台可产生 700 个六边形蜂窝小区，每 7 个小区重复使用一次可用频段（频段再用率为 100），50%的可用带宽用于地面网络接口链路，采用 1b/Hz 调制效率，那么系统总共可提供约 20 万个 64kb/s 实时信道，假定用户的业务量强度为 0.1Erl，则可服务约 200 万个 64kb/s 用户，或 50 万个 256kb/s 用户，或 6.67 万个 E1 用户。当然随着调制效率的提高、波束形成技术的进一步发展，可服务的用户数将大幅度增加。

（6）系统造价低，通信资费便宜。平流层的放飞、回收与日常监测和一般的民航系统相似，不需要负责庞大的发射基地，估计平台成本只是静止轨道卫星的1/10，而且每个平台都可以独立运行，不像低轨通信卫星那样须发射几十颗卫星组成星座之后才能工作，建设周期短，投资少。用户终端价格也很低，通信资费也不高于公众电话。

（7）系统机动灵活，能根据不同的需要承载不同的有效通信载荷，而且能迅速地部署到有需求的地区上空，提供应急通信。

（8）系统提供的业务具有多样性，而且适应性好。系统既适用于城市人口密集区，又适用于远郊及农村地区；既适用于固定业务，又适用于移动业务；既适用于窄带通信，又适用于宽带通信。

（9）平流层平台既适用于城市，也可用于海洋、山区，还可以迅速转移，用于发生自然灾害地区（如洪水、山火）的监测和通信[11]。

（10）平台位于国境之内，主权、使用权、管理权均属于本国，有利于研制开发适用于本国的产品[11]。

概括地讲，HAPS 具有以下特点：与卫星通信系统相比，平流层通信费用低廉、延迟时间短、路径损耗小、建设快、容量大、频谱利用率高、易维护、易升级；与地面蜂窝移动网相比，HAPS 具有超大覆盖、低功率、易升级、可迅速建设等优点，此外，在发生地震等灾难时所受影响很小[12]。平流层通信系统与地面通信系统和卫星通信系统的性能比较见表 1.1[13]。所以，它是很有发展前途的一种通信手段[10,14]。

表 1.1  平流层通信与地面无线通信和卫星通信的性能比较

| 比较项目 | 平流层通信 | 地面无线通信 | 卫星通信 |
|---|---|---|---|
| 移动终端的性能 | 与地面无线终端相同 | 小型、低成本、低功耗 | 昂贵、体积大、功耗大 |
| 传播延时影响 | 小 | 小 | 在 GEO、MEO 条件下，较大 |
| 终端电波辐射强度和对人体影响 | 除乡村边远地区，与地面系统相同 | 辐射强度低，对人体影响小 | 辐射强度高，对人体影响大 |
| 开发时间 | 短 | 长 | 长 |
| 系统扩容与设备更新 | 调整波束尺寸或发射新的平台，较方便 | 蜂窝小区的分割、重新规划、设备更新 | 须重新发射卫星，更新困难 |
| 移动部分的影响 | 平台有少量的移动 | 仅用户终端移动 | 低轨和中轨的卫星移动导致系统的控制复杂 |

| 比较项目 | 平流层通信 | 地面无线通信 | 卫星通信 |
|---|---|---|---|
| 无线信道的质量 | 莱斯分布，近似自由空间传播特性，信道衰减 20dB/10oct，传播距离比地面系统稍远 | 瑞利分布，信道衰减达 50dB/10oct，通过基站的合理配置可获得较好的信号质量 | 莱斯分布，近似自由空间传播特性，信道衰减 20dB/10oct，传播距离较远 |
| 与室内终端的通信 | 可以 | 可以 | 一般不可以 |
| 覆盖区域的宽度受地形的影响 | 小 | 大 | 小 |

# 1.3　平流层通信系统构成

　　地球上空大气层按照不同的大气特征从地面到外层空间，可依次划分为对流层、平流层、中间层、热层和外大气层。其中，距离地面 8～50km 的空间范围内，气流方向基本为水平方向，故称为平流层，如图 1.1 所示。该层不存在雨、雪等天气的影响，空气稀薄，气流比较平稳，日照时间充足；空气密度仅为海平面的 5%。RRNo.1.66A 定义 HAPS 平台位于 20～50km，可利用的高度为 20～25km。这是因为平台高度越高，空气越稀薄，在 50km 处空气密度相当于 20km 处空气密度的 1/90。这意味着，为了承担相同质量，50km 处的平台体积是 20km 处平台体积的 90 倍。如果在 20km 处平台体积为 100m$^3$，则在 50km 处就需要 9000m$^3$，这几乎是不可能达到的。还有一个原因是风速问题。在高度 18～24km，平均风速为 10m/s，最大风速为 40m/s，风向大部分时间不变，每年仅发生由西向东和由东向西的两次变化，风切变小，垂直温度梯度小（1℃/km），25km 以上风速很大，所以为了维持平台稳定性，平台高度需要低于 25km[15]。平流层风速与高度的关系如图 1.2 所示[16]。这样的环境为部署空中信息平台提供了很有利的条件：风向基本不变有利于平台的位置稳定；没有雨、雪有利于通信设备长时间正常运转；充分的日照为平台的太阳能电池提供了能源。因此，平流层是一个比较理想的部署空中信息平台进行无线中继通信的环境[17]，可以提供多用户、多用途的各种固定、移动、宽带、窄带通信业务[16,18]。

　　在高空平台上装载大量通信设备，使平台长时间稳定停留在平流层的某一固定位置，可以与地面控制/交换中心及各种类型的无线终端进行通信，同时也可以与平流层平台或卫星网络进行通信，从而构成完备的、自成体系的

移动通信网络。通过在平流层部署高空平台进行通信的设想早已存在。自 20
世纪 70 年代开始，科技工作者就致力于研究这种高空平台，但是由于相关技
术难题，如平台稳定问题、供电问题和飞艇材料问题等一直无法得到满意的
解决，平流层通信平台一直无法成为现实。近年来，随着科学技术的快速发
展，特别是计算机技术、通信技术、自动控制技术、新材料技术以及能源技
术的飞速发展，使平流层信息平台的研究开发工作进入了一个崭新的阶段。

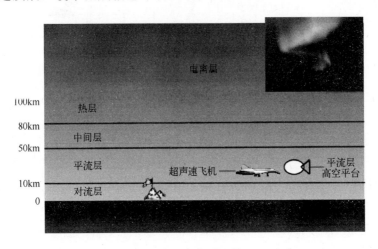

图 1.1　大气层结构

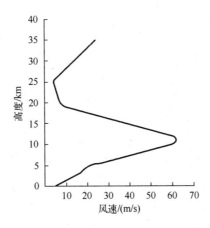

图 1.2　平流层风速与高度的关系

平流层通信系统采用分段结构模型，自上而下分别为空中平台段、网络管
理段和地面段，图 1.3 为一种比较典型的平流层通信系统分段结构模型图[3]。

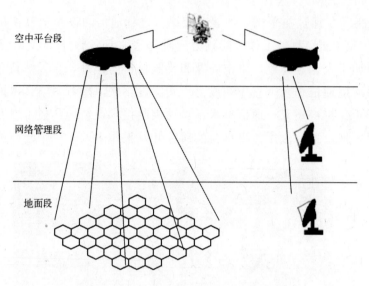

图 1.3  平流层通信系统分段结构模型图

　　地面段由各种移动用户终端、网关站以及移动蜂窝小区组成。网关站用来连接一个本地平流层通信网络与其他异种网络（如互联网、PSTN 等），这样可以方便地实现网间通信并支持现有的业务。

　　网络管理段由各个平流层信息平台的地面网络管理控制中心组成。各地面网络管理控制中心以有线或无线的形式连接起来，组成平流层通信系统管理控制网络，完成各种各样的网络管理和资源分配功能。地面网络管理控制中心主要由网络管理中心、用户管理中心以及信息平台控制中心组成。网络管理中心完成通常意义上的网络管理功能，即配置管理、性能管理、故障管理、安全管理以及计费管理，使平流层通信系统运营于最佳状态。用户管理中心负责本平台覆盖范围内注册用户的管理，它拥有归属位置登记器来管理注册用户的信息，并完成相应的终端位置管理功能。信息平台控制中心完成信息平台的跟踪控制功能，如位置保持、起飞、降落有控制移动等。

　　空中段是平流层通信系统的核心，由各个平流层信息平台组成。为了有效地利用各种通信资源，减少每次通信连接中的"跳"数，每个信息平台都应具有信息的处理和交换能力。

　　空中站设备应尽量轻巧、可靠和低功耗，平流层平台由飞行器和载荷构成，飞行器一般包括飞艇、飞机两种形式。平流层平台可以分为三种[10]：第一种是带推进系统的无人充氢飞艇，通常很大，长 100m，有效载荷可达 800kg以上，用太阳能提供动力。飞艇可以是半刚性的或非刚性的，其基本结构材料是有弹性的、防氦泄漏的层压塑料。在飞艇表面上覆盖有质量小（<400g/m$^2$）的太阳能电池。第二种是太阳能无人飞机，也是一种高度持久（High Altitude Long Endurance，HALE）平台，它比飞艇小，不能携带很重的有效载荷，功率也有限，特别是在夜间；另一种无人飞机是用燃料的，称为无人飞行器（Unmanned Aerial Vehicle，UAV），它通常飞行在中等高度，用于短时间军事侦察。第三种是有人飞机，它是普通的燃油飞机，有效载荷约有 1t。

图 1.4 给出了四种飞行器实例[13]，图（a）为太阳能供电的无人驾驶飞艇，图（b）为太阳能供电的无人驾驶飞机，图（c）为无人驾驶的燃油能源飞机，图（d）为有人驾驶且采用燃油能源飞机。考虑载重能力、对环境影响等因素，未来采用飞艇的可能性为最大[19]。

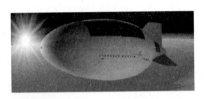

(a) 太阳能供电的无人驾驶飞艇

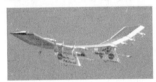

(b) 太阳能供电的无人驾驶飞机

(c) 无人驾驶的燃油能源飞机

(d) 有人驾驶的燃油能源飞机

图 1.4　平流层飞行器类型

平流层通信系统作为地面信息高速路向空间的延伸，它的着眼点不是传统通信系统所提供的语音或低比特数据传输服务，而是向空中信息高速公路的宽带综合业务接入服务。HAPS 作为电信基础设施的一部分，可以与其他平台、其他网络相结合，利用其多方面的优势，开展全方位、多层次的通信业务。这些业务包括：

（1）宽带无线接入业务，主要在毫米波段提供 2～150Mb/s 的固定接入业务，如 LDMS、MMDS 等。

（2）移动通信业务，可用少量的平流层平台取代大量的基站，目前的研究集中于 WCDMA 为代表的 3G 业务。

（3）数字广播业务，目前数字电视广播有卫星、地面、有线三种形式，采用平流层平台开展该项业务将具有非常好的前景。已有研究者对 UHF 频段采用 OFDM 技术的平流层数字电视广播进行了实验。

（4）无线监测（地球观察与地面监测）、遥感、定位等业务。

# 1.4  平流层通信系统工作频段

平流层通信系统是一个能提供全球范围内各种无线通信业务，并且有广泛应用前景的通信系统。目前，平流层通信系统的工作频率主要分为以下几个频段[20-23]。

（1）U 频段：世界无线电大会（WRC-97）将 U 频段（下行 47.2～47.5GHz，上行 47.9～48.2GHz）共 600MHz 的频段分配给 HAPS 用于固定业务使用，调制方式采用 QPSK（用户终端）和 64QAM（地面网关站）。

（2）Ka 频段：考虑到平流层通信系统在亚太地区的 47/48GHz 频段受雨衰影响严重，ITU 建议用 28/31GHz 代替 47/48GHz 在这些地区使用，调制方式采用 QPSK。

（3）S 频段：世界无线电通信大会（WRC-00）建议平流层通信系统用于第三代移动通信系统中。根据这次会议的第 221 号决议，平流层通信系统可以在以下频段提供第三代移动通信业务：第一区和第三区使用 1885～1980MHz、2010～20255MHz 和 2110～2170MHz 频带，第二区使用 1885～1980MHz 和 2110～2160MHz 频带，调制方式采用 QPSK。我国属于第三区。表 1.2 给出了 ITU 分配给 HAPS 通信的频段[24]。

表 1.2　ITU 分配给 HAPS 通信的频段

| 频段 | 地区 | 链路方向 | 业务 | 共用业务 |
|---|---|---|---|---|
| 47.9～48.2GHz<br>47.2'～47.5GHz | 全球 | 上行和下行 | 固定业务 | 固定和移动业务<br>固定卫星业务（上行）<br>临近射望远镜频段 |
| 31.0～31.3GHz | 12 个亚洲国家 | 上行 | 固定业务 | 固定和移动业务<br>某些地区空间科学业务<br>临近空间科学业务频段<br>（无源） |
| 27.5～28.35GHz | 12 个亚洲国家 | 下行 | 固定业务 | 固定和移动业务<br>固定卫星业务（上行） |
| 1885～1980MHz<br>2010～2025MHz<br>2110～2170MHz | 第一区和第三区 | 上行和下行 | IMT-2000 | 固定和移动业务（特别是陆地 IMT-2000 和 PCS） |
| 1885～1980MHz<br>2110～2160MHz | 第二区<br>（北美和南美） | 上行和下行 | IMT-2000 | 固定和移动业务 IMT-2000 和 PCS |

# 1.5　平流层通信系统覆盖范围

平流层高空平台定点悬停于空中指定空域，如图 1.5 所示。图中，$A$ 点表示平流层高空平台悬停位置。$A$ 点距离地面高度 $AO$ 为 $h$km，以 $O$ 点为圆心的圆表示地球，地球半径用 $R$ 表示。过 $A$ 点作地球的切线 $AB$ 和 $AB'$，连接 $OB$、$OB'$ 和 $BB'$，$BB'$ 交 $AO$ 于点 $D$。则 $BB'$ 为平流层高空平台的最大覆盖距离，球冠 $BO'B'$ 的面积为平流层高空平台的地表覆盖面积。

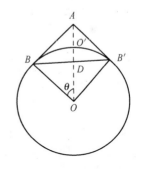

图 1.5　平流层高空平台覆盖范围

图 1.5 中 $OB \perp AB$，可得

$$\cos\theta = \frac{BO}{AO} = \frac{R}{R+h} \tag{1-1}$$

$$BB' = 2BD = 2BO\sin\theta = 2R\sqrt{1-\cos^2\theta} = \frac{2R}{R+h}\sqrt{h^2+2Rh} \tag{1-2}$$

$$S_{BO'B'} = 2\pi R(R - R\cos\theta) = 2\pi R^2(1-\cos\theta) = 2\pi R^2 \frac{h}{R+h} \tag{1-3}$$

地球半径 $R$=6378.14km，当平流层高度 $h$ 为 20km 时，利用式（1-2）可得此时平流层最大覆盖距离为 1008km，利用式（1-3）可得平流层最大覆盖面积为 $7.986\times10^5\ \mathrm{km}^2$。

平台通信业务的覆盖区域取决于覆盖区边缘至平台的仰角，仰角越小，覆盖区域大。图 1.6 是美国 SSI 公司设计的平流层通信系统覆盖区示意图，把平台视线所及的整个覆盖区分为市区覆盖区（UAC）、近郊区（SAC）覆盖区和远郊区（RAC）覆盖区，各区边缘至平台的仰角分别为 30°、10°、0°，半径分别为 70km、150km 和 560km。利用平台上的多波束天线可把每个覆盖区又分为 700 个蜂窝小区，三个覆盖区共有 2100 个小区，7 个小区可重复使用同一个频率，因而频段再用率为 300。按 b/Hz 的调制效率计算，在 47/48GHz 频段的 300MHz 频带中可提供 600 万个 64kb/s 数字用户，或 150 万个码率为 256kb/s 的宽带用户，或 18.75 万个码率 2Mb/s 的宽带用户，或 18.75 万个码率为 2Mb/s 的 EI 宽带用户。这种体制相当于把蜂窝通信结构架设在约 $2\times10^4$ m 高空，与地面蜂窝及卫星通信网络构成了一个三维的立体通信网。

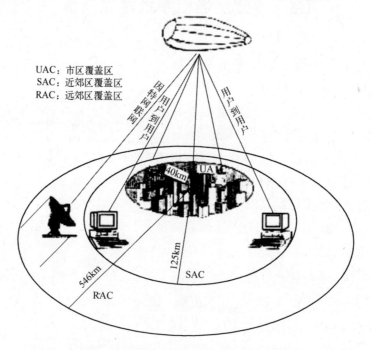

UAC：市区覆盖区
SAC：近郊区覆盖区
RAC：远郊区覆盖区

图 1.6　平流层通信系统覆盖区示意图

10

# 第 2 章　平流层通信信道传播特性

无线通信系统的性能主要受到无线信道的影响。平流层通信系统位于 20 多千米的高空，因此与卫星系统的信道有类似之处，可以参考卫星系统的信道建模方式。同时，平流层通信系统的用户主要是地面移动通信用户，因此信道建模与地面移动通信系统也有类似之处：大部分时间内，平流层平台与地面用户之间存在视距（Line of Sight，LOS）传输，但是地面环境复杂，接收到的信号会受多径效应和阴影效应的影响；另外，平流层通信系统的用户主要是移动通信用户，所以信息传输还会受到多普勒效应的影响。因此，平流层通信系统的信道建模具有地面移动通信和卫星通信信道建模的双重特性。

信号从发射端经过无线信道到达接收端，功率会发生衰减，主要表现为大尺度衰落和小尺度衰落。大尺度衰落是指发射机与接收机之间在长距离的场强变化，在系统设计时要考虑大尺度衰落的影响以便留出相应的通信链路裕量，消除对信号传输的不利影响。小尺度衰落是指接收信号瞬时功率在几个波长范围内的快速变化，严重影响信号的传输质量，并且是不可避免的，只能采用抗衰落技术来减小其影响。

## 2.1　平流层通信信道大尺度衰落模型

参照国际上关于地球—空间电信系统设计所需的传播数据和预测方法的最新研究模型，分析平流层通信信道大尺度衰落的传播路径损耗。

### 2.1.1　自由空间传播衰减预测模型

自由空间电波传播是无线电波最基本的传播方式。电波从点源全向天线发出后在自由空间传播，能量将扩散到一个球面上。接收天线接收的信号功率是发射天线辐射功率的一小部分，大部分能量都向其他方向扩散。工作距离越远，球面积越大，接收点截获的功率越小，即传输损耗越大。自由空间损耗的预测模型没有统计测量的成分而是完全根据数学推导而来。到达接收点的自由空间损耗为

$$A_{\mathrm{F}} = 10\lg\left(\frac{4\pi d}{\lambda}\right)^2 = 32.45 + 20\lg d + 20\lg f \tag{2-1}$$

式中：$\lambda$ 为工作波长（μm）；$f$ 为工作频率（MHz）；$d$ 为传播距离（km），且有

$$d \approx h_{\mathrm{s}}/\sin\theta \tag{2-2}$$

其中：$h_{\mathrm{s}}$ 为平流层空间站高度（km）；$\theta$ 为地球站仰角（°）。

## 2.1.2 大气吸收损耗预测模型

大气层中含有大气分子，无线电波通过它们时将会被吸收引起衰落。带有极性的分子造成的衰落最大，如水分子。带相反电荷的分子排列起来形成一个电场，而电场方向会随着电波产生变化，并在一个周期内变化两次，分子不断重新排列，因此引起明显的损耗。频率越高，分子重新排列的速度越快，因此吸收损耗随着频率增加将会大大加强[25]。

大气气体吸收衰减的影响因素主要是电波频率、仰角、地面站平均海拔高度、平流层空间站高度等，而且衰减值随着不同季节的温度、湿度等的变化而变化。

在通常的大气条件下，氧气分子和水分子能够产生明显的吸收衰减，而其他的大气元素在干燥的空气情况下，对 70GHz 频率以上才会产生明显的吸收现象。

对于 Ku/Ka 频段来说，气体吸收损耗仅限于氧气分子、水蒸气分子对电磁能量的吸收损耗。在 100GHz 以下，氧气分子在 50～70GHz 有一系列密集的吸收线，水蒸气分子在 22.3GHz 有一条吸收线。在这些吸收线附近电波的损耗非常大。在确定频率上，大气吸收损耗为上述各吸收线的吸收之和。1GHz以下的电磁波可以忽略大气吸收的影响[26]。

当电磁波在 50GHz 频段以下时，采取如下方法计算地球站在海拔 10km 范围内的大气衰减。这一方法由 ITU-R 中 P.676-7[27]推荐的逐线算法的计算曲

12

线拟合而成。

计算大气吸收需要地球站的温度、大气压强、水蒸气密度值。在默认输入的情况下，分别根据国际电信联盟提供的有关数据库进行插值获得。如果确切地知道相关参数时，也可以进行手动输入以提高精度。

**1. 计算特征衰减**

氧气分子损耗率为

$$\gamma_{o} = \left[ \frac{7.2 r_t^{2.8}}{f^2 + 0.34 r_p^2 r_t^{1.6}} + \frac{0.62 \xi_3}{(54 - f)^{1.16 \xi_1} + 0.83 \xi_2} \right] f^2 r_p^2 \times 10^{-3} \qquad (2\text{-}3)$$

式中

$$\xi_1 = \varphi(r_p, r, 0.0717, -1.8132, 0.0156, -1.6515) \qquad (2\text{-}4)$$

$$\xi_2 = \varphi(r_p, r, 0.5146, -4.6368, -0.1921, -5.7416) \qquad (2\text{-}5)$$

$$\xi_3 = \varphi(r_p, r, 0.3414, -6.5851, 0.2130, -8.5854) \qquad (2\text{-}6)$$

$$\delta = -0.00306 \varphi(r_p, r_t, 3.211, -14.94, 1.583, -16.37) \qquad (2\text{-}7)$$

$$\varphi(r_p, r_t, a, b, c, d) = r_p^a r_t^b \exp[c(1 - r_p) + d(1 - r_t)] \qquad (2\text{-}8)$$

其中：$r_p = p / 1013$，$p$ 为压强（hPa）；$r_t = 288 / (273 + t)$，$t$ 为温度（℃）。

水蒸气损耗率为

$$\gamma_w = \left\{ \frac{3.98 \eta_1 \exp[2.23(1 - r_t)]}{(f - 22.235)^2 + 9.42 \eta_1^2} g(f, 22) + \frac{11.96 \eta_1 \exp[0.7(1 - r_t)]}{(f - 183.31)^2 + 11.14 \eta_1^2} + \frac{0.081 \eta_1 \exp[6.44(1 - r_t)]}{(f - 321.226)^2 + 6.29 \eta_1^2} \right.$$
$$+ \frac{3.66 \eta_1 \exp[1.6(1 - r_t)]}{(f - 325.153)^2 + 9.22 \eta_1^2} + \frac{25.37 \eta_1 \exp[1.09(1 - r_t)]}{(f - 380)^2} + \frac{17.4 \eta_1 \exp[1.46(1 - r_t)]}{(f - 448)^2}$$
$$+ \frac{844.6 \eta_1 \exp[0.17(1 - r_t)]}{(f - 557)^2} g(f, 557) + \frac{290 \eta_1 \exp[0.41(1 - r_t)]}{(f - 752)^2} g(f, 752)$$
$$\left. + \frac{8.3328 \times 10^4 \eta_2 \exp[0.99(1 - r_t)]}{(f - 1780)^2} g(f, 1780) \right\} f^2 r_t^{2.5} \rho \times 10^{-4} \qquad (2\text{-}9)$$

式中

$$\eta_1 = 0.955 r_p r_t^{0.68} + 0.006 \rho \qquad (2\text{-}10)$$

$$\eta_2 = 0.735 r_{\mathrm{p}} r_{\mathrm{t}}^{0.5} + 0.0353 r_{\mathrm{t}}^4 \rho \qquad (2\text{-}11)$$

$$g(f, f_{\mathrm{i}}) = 1 + \left(\frac{f - f_{\mathrm{i}}}{f + f_{\mathrm{i}}}\right)^2 \qquad (2\text{-}12)$$

其中：$\rho$ 为海平面的水蒸气密度假设数值（g/m³）。

### 2. 计算路径衰减

对穿过地球大气层的倾斜路径的无线电波在大气中的衰减，采用先求出垂直衰减再求出倾斜路径衰减的方法计算。

对于干燥空气，等效高度为

$$h_{\mathrm{o}} = \frac{6.1}{1 + 0.17 r_{\mathrm{p}}^{-1.1}} (1 + t_1 + t_2 + t_3) \qquad (2\text{-}13)$$

式中

$$t_1 = \frac{4.64}{1 + 0.066 r_{\mathrm{p}}^{-2.3}} \exp\left[-\left(\frac{f - 59.7}{2.87 + 12.4 \exp(-7.9 r_{\mathrm{p}})}\right)\right] \qquad (2\text{-}14)$$

$$t_2 = \frac{0.14 \exp(2.12 r_{\mathrm{p}})}{(f - 118.75)^2 + 0.031 \exp(2.2 r_{\mathrm{p}})} \qquad (2\text{-}15)$$

$$t_3 = \frac{0.0114}{1 + 0.14 r_{\mathrm{p}}^{-2.6}} f \frac{-0.0247 + 0.0001 f + 1.61 \times 10^{-6} f^2}{1 - 0.0169 f + 4.1 \times 10^{-5} f^2 + 3.2 \times 10^{-7} f^3} \qquad (2\text{-}16)$$

对于水蒸气，等效高度为

$$h_{\mathrm{w}} = 1.66 \left(1 + \frac{1.39 \sigma_{\mathrm{w}}}{(f - 22.235)^2 + 2.56 \sigma_{\mathrm{w}}} + \frac{3.37 \sigma_{\mathrm{w}}}{(f - 183.31)^2 + 4.69 \sigma_{\mathrm{w}}} + \right.$$
$$\left. \frac{1.58 \sigma_{\mathrm{w}}}{(f - 325.1)^2 + 2.89 \sigma_{\mathrm{w}}}\right) \qquad (2\text{-}17)$$

式中

$$\sigma_{\mathrm{w}} = \frac{1.013}{1 + \exp[-8.6(r_{\mathrm{p}} - 0.57)]}, \quad f \leqslant 50 \mathrm{GHz} \qquad (2\text{-}18)$$

等效高度概念建立在一个采用标尺高度来描述密度随高度而变化的理想大气的理论假设之上。干燥空气和水蒸气的标尺高度随着高度、季节和气候的变化而变化。尤其是水蒸气在大气中的实际密度与理论值常常相差较大，此时对应的等效高度应随之变化。

总的垂直衰减为

$$A = \gamma_0 h_0 + \gamma_w h_w \qquad (2-19)$$

### 3. 计算仰角在 5°～90°之间时的路径衰减

当仰角在 5°～90°之间时，路径衰减为

$$A_g = A_w + A_0 \qquad (2-20)$$

$$A_0 = \gamma_0 h_0 / \sin\theta \qquad (2-21)$$

$$A_w = \gamma_w h_w / \sin\theta \qquad (2-22)$$

为验证本节仿真结果的准确性，将在点（6.12°E，46.217°N）处、仰角为 33°的大气吸收值仿真结果与国际电信联盟提供的数据进行了对比，对比结果见表 2.1。

表 2.1  大气吸收损耗验证

| 对比 ＼ 参数 | $A_w$ | $A_w$ | $A_0$ | $A_0$ |
|---|---|---|---|---|
| ITU 数据 | 0.02 | 0.24 | 0.09 | 0.12 |
| 仿真值 | 0.0192 | 0.2361 | 0.0717 | 0.0969 |

可以看到本节仿真结果与国际电信联盟推荐的数值吻合，误差在 ±0.05 以内。

根据水蒸气密度值的变化设定了两个典型的水汽密度值 $\rho = 6\text{g/m}^3$ 和 $\rho = 28\text{g/m}^3$。并在图 2.1 中绘制了 $f = 12\text{GHz}$，水蒸气密度值分别为 $\rho = 6\text{g/m}^3$ 和 $\rho = 28\text{g/m}^3$ 时大气损耗随仰角变化的趋势。从仿真图可以发现，随着地球站仰角的增加，大气损耗降低，衰减的范围在 1.5dB 以下。但当频率增加到 30GHz 时，仿真结果如图 2.1 中另两条曲线所示。衰减值已经有了大幅的上升，衰减最低也在 2dB 以上。

## 2.1.3  雨衰损耗预测模型

对流层主要由各种小颗粒的混合物构成，这些颗粒的尺寸变化范围很大，

小到组成大气的各类分子，大到雨滴和冰雹。电磁波通过由很多小微粒组成的介质时，会产生两种损耗，分别是吸收衰减和散射衰减[25]。

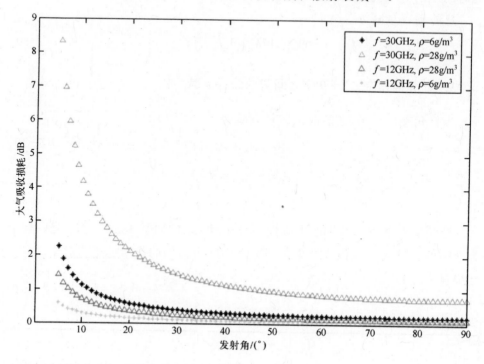

图 2.1　大气损耗随仰角变化的趋势

　　无线电波从地面发射到平流层高空的过程中，电波会由于不同的雨水状况产生不同的衰减。根据电波传播理论可以推断出，降雨引起雨衰使信号的功率降低。其原因在于：雨滴将会吸收入射电波的一部分电能，转换为热能消耗掉；同时又把部分电波的能量散射到周围的空间，也就是说，雨滴同时还是二次辐射源。另外，当雨滴大小与波长构成一定关系时，将产生折射，折射率的变化将引起电波的吸收。此外，对电波的影响还与雨滴的密度、雨区范围等有密切关系。

　　工作频率高于 10GHz 的平流层通信必须考虑降雨引起的衰减。当平流层在 Ku/Ka 频段进行通信时，降雨衰减将严重降低平流层链路的性能。在一定时间概率下的雨衰为电波在穿越雨区时所受到的衰减量。如 0.1%时间雨衰量为 50dB，意味着平均每年有 0.1%的时间里（约 9h）降雨衰减可能超过 50dB。

　　根据 ITU-R 建议书 P.618-9[28]，降雨引起的衰减估算过程如图 2.2 所示。

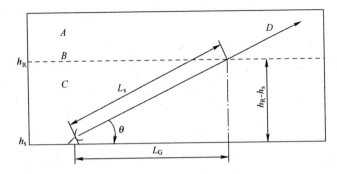

图 2.2　地—空路径上给定衰减预测过程输入参数

（1）根据地球站经、纬度计算大气层零度层高度 $h_0$，并计算降雨高度 $h_R$[26]。将经、纬度以 $1.5°$ 为步长，对 ITU Radiocommunication Bureau 提供的数据库（ESA0HEIGHT.txt、ESALAT.txt、ESALON.txt）中站点最近的的四个栅格点进行双线性插值[29]计算获得 $h_0$：

$$h_R = h_0 + 0.36 \qquad (2\text{-}23)$$

（2）根据倾斜路径长度 $L_s$ 计算路径水平投影 $L_G$：

$$L_s = \begin{cases} \dfrac{h_R - h_s}{\sin\theta}, & \theta \geqslant 5° \\[4mm] \dfrac{2(h_R - h_s)}{\left(\sin^2\theta + \dfrac{2(h_R - h_s)}{R_e}\right)^{1/2} + \sin\theta}, & \theta < 5° \end{cases} \qquad (2\text{-}24)$$

水平投影 $L_G$ 为

$$L_G = L_s \cos\theta \qquad (2\text{-}25)$$

（3）以 $1.125°$ 为步长，对地球站站点最近的四个栅格点进行双线性插值计算获得降雨率 $R_{0.01}$：

① 对由 ECMWF（European Centre of Medium_range Weather Forecast）提供的 ESARAIN_PR6_v5.TXT、ESARAIN_MT_v5.TXT、ESARAIN_BETA_v5.TXT 三个数据库获得地球站最近的四个栅格点的参数值 $P_{r6}$、$M_T$、$\beta$ 进行双线性插值计算，得出预定地点的值 $P_{r6}(\text{Lat}, \text{Lon})$、$M_T(\text{Lat}, \text{Lon})$、$\beta(\text{Lat}, \text{Lon})$。

② 计算平均年份降雨的概率百分比 $P_0$：

$$P_0(\text{Lat}, \text{Lon}) = P_{r6}(\text{Lat}, \text{Lon})(1 - e^{-0.0079(M_s(\text{Lat},\text{Lon})/P_{r6}(\text{Lat},\text{Lon}))}) \qquad (2\text{-}26)$$

式中：$M_s = (1 - \beta)M_T$。若 $P_{r6} = 0$，则平均年份降雨的概率百分比和在平均年份的任何百分比内超过的降雨率都等于零。

③ 计算在平均年份的 $p\%$（其中 $p < P_0$）内超过的降雨率 $R_p$：

$$R_p(\text{Lat}, \text{Lon}) = \frac{-B + \sqrt{B^2 - 4AC}}{2A} \qquad (2\text{-}27)$$

式中

$$\begin{cases} A = ab, & a = 1.09 \\ B = a + c\ln(p/P_0(\text{Lat},\text{Lon})), & b = \dfrac{(M_c(\text{Lat},\text{Lon}) + M_s(\text{Lat},\text{Lon}))}{21797P_0(\text{Lat},\text{Lon})} \\ C = \ln(p/P_0(\text{Lat},\text{Lon})), & c = 26.02b \end{cases} \qquad (2\text{-}28)$$

（4）获取特定衰减 $\gamma_R$ [30]：

$$\gamma_R = k(R_{0.01})^{\alpha} \qquad (2\text{-}29)$$

式中：

$$k = [k_H + k_V + (k_H - k_V)\cos^2\theta\cos 2\tau]/2 \qquad (2\text{-}30)$$

$$\alpha = [k_H\alpha_H + k_V\alpha_V + (k_H\alpha_H - k_V\alpha_V)\cos^2\theta\cos 2\tau]/2k \qquad (2\text{-}31)$$

$$\tau = \begin{cases} 0°, & \text{水平极化} \\ 45°, & \text{圆极化} \\ 90°, & \text{垂直极化} \end{cases} \qquad (2\text{-}32)$$

$$\lg k_{H,V} = \sum_{j=1}^{4} a_j \exp\left[-\left(\frac{\lg f - b_j}{c_j}\right)^2\right] + m_k \lg f + c_k \qquad (2\text{-}33)$$

$$\alpha_{H,V} = \sum_{j=1}^{5} a_j \exp\left[-\left(\frac{\lg f - b_j}{c_j}\right)\right] + m_\alpha \lg f + c_\alpha \qquad (2\text{-}34)$$

式中：$a_j$、$b_j$、$c_j$、$m_k$、$m_\alpha$、$c_k$、$c_\alpha$ 的值见表 2.2～表 2.5。

表 2.2　$k_H$ 系数

| $j$ | $a_j$ | $b_j$ | $c_j$ | $m_k$ | $c_k$ |
|---|---|---|---|---|---|
| 1 | −5.33980 | −0.10008 | 1.13098 | −0.18961 | 0.71147 |
| 2 | −0.35351 | 1.26970 | 0.45400 | | |

| $j$ | $a_j$ | $b_j$ | $c_j$ | $m_k$ | $c_k$ |
|---|---|---|---|---|---|
| 3 | −0.23789 | 0.86036 | 0.15354 | −0.18961 | 0.71147 |
| 4 | −0.94158 | 0.64552 | 0.16817 | | |

表 2.3 $k_V$ 系数

| $j$ | $a_j$ | $b_j$ | $c_j$ | $m_k$ | $c_k$ |
|---|---|---|---|---|---|
| 1 | −3.80595 | 0.56934 | 0.81061 | −0.16398 | 0.63297 |
| 2 | −3.44965 | −0.22911 | 0.51059 | | |
| 3 | −0.39902 | 0.73042 | 0.11899 | | |
| 4 | 0.50167 | 1.07319 | 0.27195 | | |

表 2.4 $\alpha_H$ 系数

| $j$ | $a_j$ | $b_j$ | $c_j$ | $m_\alpha$ | $c_\alpha$ |
|---|---|---|---|---|---|
| 1 | −0.14318 | 1.82442 | −0.55187 | 0.67849 | −1.95537 |
| 2 | 0.29591 | 0.77564 | 0.19822 | | |
| 3 | 0.32177 | 0.63773 | 0.13164 | | |
| 4 | −5.37610 | −0.96230 | 1.47828 | | |
| 5 | 16.1721 | −3.29980 | 3.43990 | | |

表 2.5 $\alpha_V$ 系数

| $j$ | $a_j$ | $b_j$ | $c_j$ | $m_\alpha$ | $c_\alpha$ |
|---|---|---|---|---|---|
| 1 | −0.14318 | 1.82442 | −0.55187 | 0.67849 | −1.95537 |
| 2 | 0.29591 | 0.77564 | 0.19822 | | |
| 3 | 0.32177 | 0.63773 | 0.13164 | | |
| 4 | −5.37610 | −0.96230 | 1.47828 | | |
| 5 | 16.1721 | −3.29980 | 3.43990 | | |

（5）计算水平、垂直换算系数。

水平换算系数为

$$r_{0.01} = \frac{1}{1 + 0.78\sqrt{\dfrac{L_G \gamma_R}{f}} - 0.38(1 - e^{-2L_G})} \qquad (2\text{-}35)$$

令

$$\zeta = \arctan\left(\frac{h_{\mathrm{R}} - h_{\mathrm{s}}}{L_{\mathrm{G}} r_{0.01}}\right) \quad\quad (2\text{-}36)$$

垂直换算系数为

$$v_{0.01} = \cfrac{1}{1 + \sqrt{\sin\theta}\left(31\left(1 - \mathrm{e}^{\theta/(1+\chi)}\right)\cfrac{\sqrt{L_{\mathrm{R}}\gamma_{\mathrm{R}}}}{f} - 0.45\right)} \quad\quad (2\text{-}37)$$

式中

$$L_{\mathrm{R}} = \begin{cases} \dfrac{L_{\mathrm{G}} r_{0.01}}{\cos\theta}, & \zeta > \theta \\[3mm] \dfrac{(h_{\mathrm{R}} - h_{\mathrm{s}})}{\sin\theta}, & \zeta \leqslant \theta \end{cases} \quad\quad (2\text{-}38)$$

$$\chi = \begin{cases} 36 - |\mathrm{Lat}|, & |\mathrm{Lat}| < 36° \\ 0, & |\mathrm{Lat}| \geqslant 36° \end{cases} \quad\quad (2\text{-}39)$$

（6）得出 0.01% 时间的雨衰估计 $A_{0.01}$：

$$A_{0.01} = \gamma_{\mathrm{R}} L_{\mathrm{R}} v_{0.01} \quad\quad (2\text{-}40)$$

（7）预计衰减超过年均其他百分比（0.001%～5%）的情形，由预计衰减超过年均 0.01% 时间来决定：

$$A_{\mathrm{R}}(p) = A_{0.01}(p/0.01)^{-(0.655 + 0.033\ln(p) - 0.045\ln(A_{0.01}) - \beta(1-p)\sin\theta)} \quad\quad \mathrm{dB} \quad\quad (2\text{-}41)$$

式中：

$$\beta = \begin{cases} 0, & p \geqslant 1\%\text{或}|\mathrm{Lat}| \geqslant 36° \\ 0.005(36 - |\mathrm{Lat}|), & p < 1\%\text{和}|\mathrm{Lat}| < 36°\text{且}\theta \geqslant 45° \\ 0.005(36 - |\mathrm{Lat}|) + 1.8 - 4.25\sin\theta, & \text{其他} \end{cases}$$

$$(2\text{-}42)$$

为验证本节仿真的准确性，将仿真结果与国际电信联盟的验证数据进行了对比。输入条件见表 2.6，结果对比见表 2.7～表 2.9。通过对比可以看到，仿真结果与国际电联提供数据吻合得比较好，存在误差主要是对数据库进行插值计算而引起的。

表 2.6  站点的输入参数

|  | A | B | C | D | E |
|---|---|---|---|---|---|
| 经度/(°E) | 151.2 | 6.12 | 6.12 | 279.8 | 237.67 |
| 纬度/(°N) | -33.87 | 46.217 | 46.217 | 25.77 | 47.6 |
| 仰角/(°) | 3 | 33 | 33 | 45 | 45 |
| 频率/GHz | 20 | 12 | 12 | 30 | 14 |
| 极化 | 圆极化 | 圆极化 | 水平极化 | 圆极化 | 圆极化 |

表 2.7  $A_1$ 的仿真结果对比

|  | A | B | C | D | E |
|---|---|---|---|---|---|
| ITU 数据 | 9.7 | 0.4 | 0.4 | 7.9 | 0.4 |
| 仿真结果 | 10.5316 | 0.5168 | 0.5435 | 7.5104 | 0.4711 |

表 2.8  $A_{0.01}$ 的仿真结果对比

|  | A | B | C | D | E |
|---|---|---|---|---|---|
| ITU 数据 | 80.2 | 5.8 | 6.0 | 67.3 | 5.8 |
| 仿真结果 | 85.5266 | 7.0414 | 7.3415 | 64.6357 | 6.5212 |

表 2.9  $A_{0.001}$ 的仿真结果对比

|  | A | B | C | D | E |
|---|---|---|---|---|---|
| ITU 数据 | 112.4 | 12.9 | 13.2 | 105.9 | 12.9 |
| 仿真结果 | 119.0966 | 15.3770 | 112.1818 | 6.5212 | 14.3546 |

该方法提供了对由降雨引起的衰减长期统计数据的预测。降雨率 $A_{0.01}$ 随着月份的不同产生不同的影响，在常年的统计中，应该考虑在季节变化中最坏月份的影响。最坏月份的影响在不同地区呈现不同的状况，此模型是从全球规划，根据对经常下雨的热带、亚热带和温带，干燥的温带、极地和沙漠，中国南方，中国北方，中国沙漠地区的统计，从六个方面给出的模型。最坏月雨衰模型为[31]

$$A_R(p_w) = A_R(pQ) \tag{2-43}$$

平均年度最坏月份超过的时间百分比 $p_w$ 是变换因子和平均年度超过的时间百分比 $p$ 的正比例函数，即 $p = p_w/Q$。其中，$Q$ 是 $p$ 的两个参数 $(Q_1, \beta)$

的函数，$Q_1,\beta$ 的值随着不同地区而变化，详情参见文献[31]。

$$Q=\begin{cases}12, & p_w<12\left(\dfrac{Q_1}{12}\right)^{\frac{1}{\beta}}\% \\[2mm] Q_1^{\frac{1}{1-\beta}}p_w^{\frac{-\beta}{1-\beta}}, & Q_1^{\frac{1}{\beta}}(1/12)^{\frac{1-\beta}{\beta}}<p_w<Q_1\times3^{1-\beta}\% \\[2mm] Q_1 3^{-\beta}, & Q_1\times3^{-\beta}\times3\%<p_w<Q_1\times3^{-\beta}\times30\% \\[2mm] Q_1^{\frac{\lg 0.3}{\lg(0.3\times Q_1\times3^{-\beta})}}3^{\frac{\beta\lg 0.3}{\lg(0.3\times Q_1\times3^{-\beta})}}\left(\dfrac{p_w}{30}\right)^{\frac{\lg(Q_1\times3^{-\beta})}{\lg(0.3\times Q_1^2\times3^{-\beta})}}, & 3^{1-\beta}\times Q_1\times10^{\frac{\lg(0.3\times Q_1^2\times9^{-\beta})}{\lg 0.3}}<p_w\end{cases}\quad(2\text{-}44)$$

### 2.1.4 对流层闪烁衰减预测模型

闪烁是由于无线电波通过介质传播时，由折射引起的小尺度随机变化。这里的介质是指对流层，而对流层内折射率的变化是由空气湍流引起的。这些影响对接收机产生或好或坏的影响，使得接收到的信号强度是时变的。无线电波受到闪烁的影响，与无云条件下相比有可能增强，也有可能衰减[25]。闪烁在热带、潮湿的气候和夏季比较明显，减少闪烁影响的一个有效方法是采用大口面天线。因为沿着不同的路径到达天线的信号，能够将闪烁效果平摊，进而减小闪烁。

对流层闪烁的幅度取决于折射率变化的幅度和结构，随着频率和穿过介质的路径长度的增大而增加，随着孔径平滑导致的天线波束宽度下降而降低。月均有效波动与无线电折射率 $N_{wet}$ 关系密切，后者取决于大气的水蒸气比例。

当路径仰角 $\theta>4°$ 时（$\theta<4°$ 时几乎不衰减，可以忽略不计），对流层闪烁累积分布主要取决于站点的特定气候条件——每月和长期的平均温度 $t$（℃）以及相对湿度 $H$，并与电波频率 $f$ 有关。闪烁衰减预测方法如图 2.3 所示。

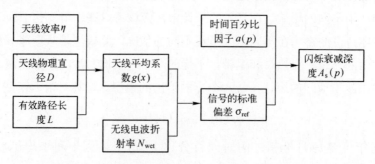

图 2.3 对流层闪烁导致的固定概率的衰减流程图

无线电折射率计算公式如下[29]:

$$N_{\text{wet}} = 3.732 \times 10^5 \frac{e}{T^2} \qquad (2\text{-}45)$$

式中：$e$ 为水蒸气压强（hPa）；$T$ 为热力学温度（K）。

$$\sigma_{\text{ref}} = 3.6 \times 10^{-3} + 10^{-4} \times N_{\text{wet}} \qquad (2\text{-}46)$$

$$L = \frac{2h_{\text{L}}}{\sqrt{\sin^2 \theta + 2.35 \times 10^{-4}} + \sin \theta} \qquad (2\text{-}47)$$

式中：$h_{\text{L}}$ 为近地面扰动层的高度，应采用 $h_{\text{L}} = 1000\text{m}$。

$$g(x) = \sqrt{3.86(x^2 + 1)^{11/12} \times \sin\left[\frac{11}{6}\arctan\frac{1}{x}\right] - 7.08x^{5/6}} \qquad (2\text{-}48)$$

$$x = 1.22 D_{\text{eff}}^2 (f / L), \quad D_{\text{eff}} = \sqrt{\eta}D \qquad (2\text{-}49)$$

$$\sigma = \sigma_{\text{ref}} f^{7/12} \frac{g(x)}{(\sin \theta)^{1.2}} \qquad (2\text{-}50)$$

$$a(p) = -0.061(\lg p)^3 + 0.072(\lg p)^2 - 1.71\lg p + 3.0 \qquad (2\text{-}51)$$

$$A_s(p) = a(p)\sigma \qquad (2\text{-}52)$$

## 2.1.5　云雾反射衰减模型

云雾衰减是指无线电波在从地面到平流层空间站传播的过程中，由于云层，雾气凝聚层的阻挡、反射而引起的传播衰减。根据国际电联文件 ITU-R P.840[32]，云雾衰减的预测流程如图 2.4 所示。

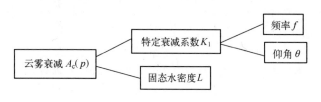

图 2.4　云雾衰减预测流程图

具体计算公式如下：

云雾衰减：

$$A_c(p) = \frac{LK_1}{\sin\theta} \qquad (2\text{-}53)$$

特定衰减系数：

$$K_1 = \frac{0.819f}{\varepsilon''(1+\eta^2)} \qquad (2\text{-}54)$$

式中

$$\eta = \frac{2+\varepsilon'}{\varepsilon''} \qquad (2\text{-}55)$$

$$\varepsilon''(f) = \frac{f(\varepsilon_0 - \varepsilon_1)}{f_p[1+(f/f_p)^2]} + \frac{f(\varepsilon_1 - \varepsilon_2)}{f_s[1+(f/f_s)^2]} \qquad (2\text{-}56)$$

$$\varepsilon'(f) = \frac{\varepsilon_0 - \varepsilon_1}{[1+(f/f_p)^2]} + \frac{\varepsilon_1 - \varepsilon_2}{[1+(f/f_s)^2]} + \varepsilon_2 \qquad (2\text{-}57)$$

其中：$\varepsilon_1$、$\varepsilon_2$ 为常数；$\varepsilon_0$、$f_p$ 和 $f_s$ 是温度 $T$ 的函数[32]，即

$\varepsilon_1 = 5.48$，$\varepsilon_2 = 3.51$，$\varepsilon_0 = 77.6 + 103.3(T'-1)$，$T' = 300/T$

$$f_p = 20.09 - 142(T'-1) + 294(T'-1)^2 \qquad (2\text{-}58)$$

$$f_s = 590 - 1500(T'-1) \qquad (2\text{-}59)$$

## 2.1.6  平流层通信信道总衰减

对于频率在 18GHz 以上的通信系统，必须考虑多源同生大气衰减的效应。总体衰减（dB）代表着自由空间损耗、雨、气体、云雾和闪烁的综合效应，给定概率 $p$ 的总体衰减 $A_T(p)$ 为[33]

$$A_T(p) = A_F + A_g(p) + \sqrt{(A_R(p) + A_C(p))^2 + A_S^2(p)} \qquad (2\text{-}60)$$

式中

$$A_C(p) = A_C(1\%), \qquad p < 1.0\% \qquad (2\text{-}61)$$

$$A_g(p) = A_g(1\%), \qquad p < 1.0\% \qquad (2\text{-}62)$$

## 2.2 平流层通信信道小尺度衰落模型

陆地移动通信和卫星移动通信衰落信道的建模方法有经验模型、统计模型和几何分析模型[34-35]。这里基于统计模型，描述了平流层通信系统衰落信道的传播特性。与陆地移动通信不同，在平流层覆盖的城区内，平流层通信既存在由不同传播路径引起的多径损耗，又存在直射分量，接收机接收的信号包络主要服从莱斯分布；在郊区和乡村，平流层通信将受到阴影和多径混合衰落的影响。在假设接收信号中受阴影衰落的直射分量的包络符合对数正态分布、多径分量的包络符合瑞利（Rayleigh）分布的情况下，给出平流层通信在城区、郊区和乡村统一的衰落信道统计模型[36]。

设地面移动接收机接收到的信号 $r$ 由对数正态分布的直射分量 $z$ 和瑞利分布的多径分量 $w$ 组成，则

$$r\exp(\mathrm{j}\theta) = z\exp(\mathrm{j}\Phi_0) + w\exp(\mathrm{j}\Phi) \tag{2-63}$$

式中：$z$，$w>0$；$\Phi_0$、$\Phi$ 为在 $[0,2\pi]$ 内均匀分布的随机变量。

保持 $z$ 不变，可把接收信号 $r$ 看作莱斯分布的随机变量，其条件概率密度函数为

$$p(r/z) = \frac{r}{b_0}\exp\left(-\frac{r^2+z^2}{2b_0}\right)\mathrm{I}_0\left(\frac{rz}{b_0}\right) \tag{2-64}$$

式中：$b_0$ 为平均多径功率；$\mathrm{I}_0$ 为零阶修正贝塞尔函数。

根据全概率公式有

$$p(r) = \int_0^\infty p(r,z)\mathrm{d}z = \int_0^\infty p(r/z)p(z)\mathrm{d}z \tag{2-65}$$

将式（2-64）代入式（2-65）可得

$$p(r) = \frac{r}{b_0}\int_0^\infty \exp\left(-\frac{r^2+z^2}{2b_0}\right)\mathrm{I}_0\left(\frac{rz}{b_0}\right)p(z)\mathrm{d}z \tag{2-66}$$

已经假设 $z$ 符合对数正态分布，故有

$$p(z) = \frac{1}{\sqrt{2\pi d_0}\, z} \exp\left[ -\frac{(\ln z - \mu)^2}{2d_0} \right] \tag{2-67}$$

式中：$\mu$ 为平均值；$d_0$ 为标准方差。

将式（2-67）代入式（2-66）可得

$$p(r) = \frac{r}{\sqrt{2\pi b_0}\, d_0} \int_0^\infty \frac{1}{z} \exp\left[ -\frac{(\ln z - \mu)^2}{2d_0} - \frac{r^2 + z^2}{2b_0} \right] I_0\left( \frac{rz}{b_0} \right) dz \tag{2-68}$$

由式（2-68）可知：当直射分量为主要接收分量时，$r$ 近似符合对数正态分布；当多径分量为主要接收分量时，$r$ 近似符合瑞利分布，即

$$p(r) = \begin{cases} \dfrac{1}{\sqrt{2\pi d_0}} \exp\left[ -\dfrac{(\ln z - \mu)^2}{2d_0} \right], r \gg \sqrt{b_0} \\[3mm] \dfrac{r}{b_0} \exp\left( -\dfrac{r^2}{2b_0} \right), r \ll \sqrt{b_0} \end{cases} \tag{2-69}$$

平流层在覆盖区域内，既存在由不同传播路径引起的多径损耗，又存在直射分量，接收机接收的信号包络主要服从莱斯分布；在覆盖区边缘，平流层通信将受到阴影和多径混合衰落的影响，符合瑞利分布。

# 第 3 章　平流层通信系统设计

## 3.1　平流层通信系统组成

　　HAPS 的通信功能主要有两类：一类是作为转发站进行透明转发；另一类是作为空中基站，直接向地面用户提供宽带无线接入。两者各有优劣，如果高空平台作为基站，那么相应的地球站的设计就简单一些，但是高空平台的设备就复杂一些。如果高空平台作为中继转发器，那么相应的地球站的设计就要复杂一些，高空平台的设计就简单一些。对于高空平台的要求是设备不要太过复杂，质量要尽可能小，可参考卫星通信系统对 HAPS 通信系统进行设计。

　　HAPS 通信系统由监控管理分系统、跟踪遥测与指令分系统、地球站分系统和高空平台分系统四大部分组成，如图 3.1 所示[37]。

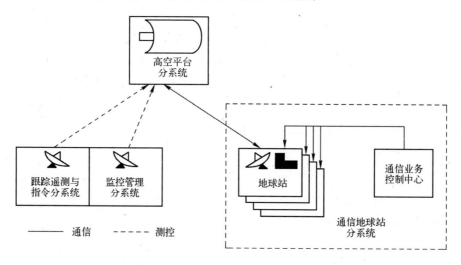

图 3.1　HAPS 通信系统的基本组成

### 3.1.1　监控管理分系统

监控管理分系统又称为平台控制中心,对固定位置的平台在业务开通前后的通信性能,如平台转发器功率、平台天线增益,以及各地球站发射的功率、射频频率和带宽等基本通信参数进行监测和控制,以保证正常通信。跟踪遥测与指令分系统和监控管理分系统构成了平台测控系统。测控系统一般由以平台控制中心为主体的平台控制系统和分布在不同地区的多个测控站组成。

### 3.1.2　跟踪遥测与指令分系统

跟踪遥测与指令分系统又称为测控站,受平台控制中心直接管辖,是平台测控系统的附属部分。它与平台控制中心结合,对平台进行跟踪测量,控制其准确进入指定位置,待平台正常运行后,定期对平台进行位置修正和位置保持,测控平台的通信系统及其他部分的工作状态,使其正常工作。必要时,控制平台退役。

### 3.1.3　地球站分系统

地球站一般由一个中心站(中央站)和多个普通站(地方站)构成。中心站除具备普通地球站的功能外,还负责系统的业务调度与管理,以及对普通地球站进行监测、控制和业务转接。地球站是平流层平台通信系统的主要组成部分,是微波无线电收/发台站。用户通过地球站接入平流层平台线路进行通信。典型的地球站由天线、馈线设备,天线跟踪伺服设备,发射设备,接收设备,信道终端设备和电源设备组成,如图 3.2 所示。

#### 1. 天线、馈线设备

天线、馈线设备将发射机送来的射频信号变成定向(对准平台)辐射的电磁波;同时,将通过平台转发来的信号送到接收设备。通常,地球站的天线是收发共用的,因此,有收和发控制开关,称为双工器,而双工器与收和发设备之间用一定长度的馈线相连接。

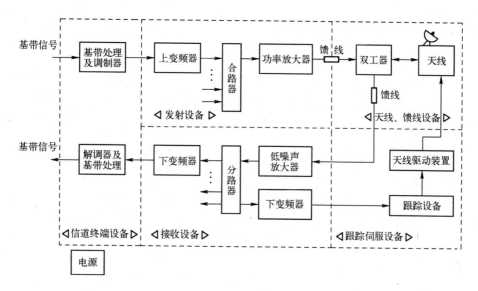

图 3.2 典型的地球站组成框图

**2．发射设备**

发射设备常称为发射机，将已调制的信号经上变频器变换为射频信号，并将功率放大到一定的电平，经馈线送到天线向平台发射。

**3．接收设备**

接收设备又称为接收机，利用接收天线接收来自平台的有用信号，经加工变换后，送给解调器。通常，接收设备入口的信号电平极其微弱，为了减少接收机内部噪声的干扰影响，提高灵敏度，接收机必须使用低噪声放大器。为减少馈线损耗的影响，该放大器一般安装在天线上。由低噪声放大器输出的射频信号，经过下变频器变为中频信号，送给信道终端解调器进行解调。

**4．信道终端设备**

发射端的信道终端设备将用户送来的信息加以处理，变成适合于在平流层通信系统中传输的信号形式。接收端的信道终端设备与发射端进行相反的处理，使接收到的信号恢复为原始消息，发送给用户。

**5．跟踪和伺服设备**

通常情况下，平流层平台并不是绝对"静止"的，因此，地球站的天线必须校正自己的方位和仰角，才能保证实时对准平台。对准方式有手动跟踪和自动跟踪两种。手动跟踪是相隔一定时间对天线进行人工定位；自动跟踪是利用一套电子、机电设备，使天线电轴对平台进行自动跟踪。手动跟踪是各型地球站都具有的；自动跟踪则多用于大型地球站，以经常保持高的跟踪精度。

### 6. 电源设备

电源设备是地球站正常工作的动力系统。电源有交流和直流之分，可根据使用场合确定。一般，特别是大型地球站，要有几种供电电源，即市电、柴油发电机和蓄电池。正常情况下利用市电，一旦市电中断，即由应急发电机供电，在发电机开机到正常运行前，由蓄电池短期供电作为过渡。平时，蓄电池是由市电通过整流设备对其进行浮充，以备急用。为了保证高度可靠，也应配备备用的发电机。此外，还有整机的控制、监视设备等。

## 3.1.4 高空平台分系统

高空平台分系统由通信分系统、控制分系统、遥测指令分系统、电源分系统和温控分系统五部分组成。

### 1. 通信分系统

通信分系统分为转发器和高空平台天线两部分。这两部分后面做详细介绍。

### 2. 控制分系统

控制分系统由各种可控的调整装置，如各种喷气推进器、驱动装置、转换开关等组成。在地面遥控指令分系统的指令控制下，对平台的姿势、位置、各分系统的工作状态以及主用设备与备用设备的切换等进行控制和调整。

### 3. 遥测指令分系统

地球上的控制站不断监测平台内部设备的工作情况，有时要通过遥测指令信号控制平台上设备产生一定的动作。如当某部件发生故障时，能够自动地换接备用部件等。这些功能都是通过平台上的遥测指令系统来完成的，以保证平台通信正常进行。

### 4．电源分系统

平台上的电源除要求体积小、质量小、效率高和可靠性之外，还要求电源能在长时间内保持足够的输出。通信平台用的电源有太阳能电池、化学电池和原子能电池等。目前，仍以太阳能电磁和化学电池为主。

# 3.2　平流层高空平台天线

天线是平流层无线通信系统的重要组成部分，主要功能是实现能量的转换，有效地将发射功率转换成电磁波能量，并发射到空间，同时将空间接收到的电磁波信号转换成同频信号的高频功率馈送给接收机，从而实现平台通信，天线是 HAPS 系统性能的关键。平流层通信系统覆盖区典型仰角为 5°～90°，用户可以是固定的，也可以是移动的，天线设计的任务就是找到最佳设计，使得在天线物理尺寸和成本最小的前提下，天线的性能最大化。

## 3.2.1　高空平台天线设计要求

由于平流层通信平台的特殊性，平流层平台天线系统具有很多不同于其他通信平台天线系统的特性和要求，而平流层通信本身业务和技术方案的多样性也决定了天线系统在不同环境下具有多样性：高清晰度电视（HDTV）需要低增益、低方向性天线来提供最大限度的覆盖范围以应用于广播业务；中等增益天线用来为固定用户提供双向宽带固定无线接入单元；可控高增益天线用于大容量动态资源分配业务中，例如为高速移动用户提供通信服务，利用多波束天线向覆盖区投射大量的波束，从而建立通信链路并实现小区覆盖和划分，以及灾害期间的应急通信等。HAPS 系统天线需要具备多波束，因此，对于 HAPS 系统来说，对天线尺寸方面的限制更为苛刻。多波束天线系统是 HAPS 系统的关键组成部分，其性能对整个平流层通信系统的性能起到至关重要的作用：

（1）平流层平台作为一种常驻高空的平台，必须满足发射、高空驻留以及回收所需要的平台载荷要求，这使得其天线系统应当满足质量小、体积小、平面结构、结构简单、易与飞艇和其他艇载部件共形等要求。

（2）平流层通信平台的应用。背景为 3G 移动通信、4G 移动通信，并需要为未来的 5G 移动通信应用做准备，这要求通信系统能支持高速的数据传输、大系统容量、多种业务的并存。为了承载无线链路和小区划分、覆盖的天线个人化、高度移动性的应用要求，需要采用更先进的自适应波束形成技术，令天线系统具有高度的自适应性。

（3）无论是 3G、4G 和 5G 移动通信，还是固定无线接入，其数据速率都要求相当高，占据的带宽也较大，这需要天线系统具有良好的宽带特性。

（4）平流层平台在高空中不可避免地受风力和天气的影响，会产生摇摆和移动，对整个系统的性能造成负面的影响，天线系统也必须考虑平流层平台运动带来的影响，采取一定的措施降低这些影响，保持性能的稳定。

（5）天线的多波束覆盖在农村、城市，乃至城市热点地区将有不同的要求，需要按照覆盖区的实际业务特点进行天线系统的设计和波束覆盖方案的设计。

### 3.2.2　波束覆盖区

HAPS 平台主要是通过多波束天线进行分区覆盖，一个波束覆盖一个小区。多波束天线是指一种利用同一口径面同时产生多个不同指向波束的天线。多波束天线可以进行有效的极化间隔和空间间隔，实现频率复用，从而实现通信增容。多波束天线还可以将波束零点对准干扰源，以提高系统的信噪比。

平流层平台通信要求平台对较大的区域实现覆盖，覆盖区域往往同时包括城市人口密集区、城郊甚至偏远农村等具有不同通信业务要求的区域。在地面蜂窝通信中，大范围的覆盖采用小区划分的方式在每个小区建立基站，小区的大小根据业务量可分为宏小区、微小区、微微小区，甚至进而分为扇区，不同的小区通过频率或码道的规划，利用信号在空间传播的衰减特性实现信道资源的复用。划分小区的思想在平流层仍然适用，但是对一个平台覆盖区而言，所有小区的"基站"或称接入点都处于同一位置，小区的划分是通过投射大量的波束实现的。每个波束的主瓣在地面的投射决定相应小区的位置和大小，图 3.3 是地面移动通信系统和平流层移动通信系统小区划分示意图。

根据覆盖区域的大小，可以选择采用单个或多个平流层平台的覆盖方案。

但无论哪种情况，每个平台的覆盖区域都非常大，平台视角往往宽达120°，需要投射上百个波束。图 3.4（a）给出了 ITU 为 Ka 波段宽带固定接入所建议的多波束覆盖方案，该方案中所有波束在地面都具有均匀大小的圆形投影。对大多数覆盖区来说，由于平台并不在正上方，在地面实现圆形投影需要波束形状为椭圆形。英国约克大学的 John 等人针对这种椭圆形波束、圆形投影的波束覆盖方案进行了优化设计[38]，得到了椭圆波束方向图优化的通用方法，可大大增加系统的载干比。

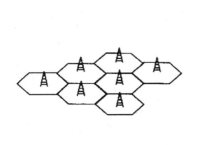 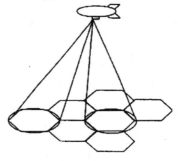

(a) 地面移动通信系统小区划分　　　　　(b) 平流层通信系统小区划分

图 3.3　地面移动通信系统与平流层移动通信系统小区划分示意图

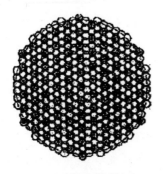 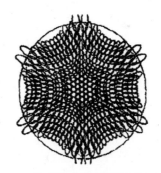

(a) ITU 建议圆形投影方案　　　　　(b) 多带圆形波束覆盖方案

图 3.4　波束覆盖方案

上述方案需要天线产生椭圆波束，且地面上仰角不同的位置其波束的具体形状也不同，这无疑增加了实现的难度，为此 Miura 等人提出了改进的方案，称为多带圆波束覆盖方案[39]，如图 3.4（b）所示。该方案中，波束均为圆形波束，而波束的地面投影则根据不同的仰角呈现为不同的椭圆形状，相同的仰角区（为环形）具有相同的增益。椭圆投影的波束覆盖方案在载干比性能下不如优化的圆形投影方案，但大大降低了实现的难度，而且可以获得额外的好处，将平台置于城市密集区的正上方，则城市密集区的波束增益最大，波束投影的面积最小，离平台距离也最短，仰角最大，不仅可适应该区域的高通信业务量要求，而且可以避免城市高建筑物密集引起的 LOS 传输的损失。随着覆盖半径的增大，覆盖区依次为一般市区、市郊、农村，越向外业务要求越低，且建筑物低而稀疏，相应的波束投影面积也较大，离平台距离较远，仰角较小，这样的安排可以大大提高平台的工作效率。

平流层通信系统多波束天线覆盖区域的大小和区域内小区的划分由通信服务量决定。表 3.1 和表 3.2 给出了人口密集地区和人口稀疏地区地面覆盖区域的划分[40]。

表 3.1　人口密集地区地面覆盖区域的划分

| 覆盖区域 | 覆盖区半径/km | 蜂窝小区半径/km | 终端天线增益/dB | 边缘仰角/(°) | 波束数 |
|---|---|---|---|---|---|
| 城市覆盖区域 | 35 | 7.2 | 2.0 | 32 | 535 |
| 市郊覆盖区域 | 125 | 50 | 20 | 10 | 905 |

表 3.2　人口稀疏地区地面覆盖区域的划分

| 覆盖区域 | 覆盖区半径/km | 蜂窝小区半径/km | 终端天线增益/dB | 边缘仰角/(°) | 波束数 |
|---|---|---|---|---|---|
| 城市覆盖区域 | 30 | 7.2 | 2.0 | 36 | 390 |
| 市郊覆盖区域 | 170 | 70 | 23 | 7.5 | 1250 |

波束覆盖中另一个重要问题是热点区域的覆盖，热点区域是指在非常小的区域内有很高通信业务量的城市高密地区。这类地区的存在往往造成小区业务超负荷，通信阻塞率过高。对此问题，地面通信平台的解决方案是划分微小区或微微小区，通过在热点区域专门建立基站进行小范围覆盖以缓解业务压力，而对于平流层平台，则可以通过对热点地区投射专门的高增益、小波瓣宽度的窄波束缓解热点区域的压力。热点地区往往随时间而变化，特别是在移动通信中，例如上班时间集中于城市中心写字楼聚集区或商务中心，而下班时间集中于各区的居民聚集区，或有大量人群聚集的比赛、表演场所，热点窄波束可以根据这些实时的热点分别调整其位置和大小。显然，这一点

是平流层通信平台的优势所在，波束的位置调整容易实现。而对于地面平台，微微小区域一经建立，就固定不动，灵活性差，只能在不同地点增加基站，这无疑会造成资源的消耗和利用率的低下。图 3.5 给出了热点波束覆盖的实时调整示意图。

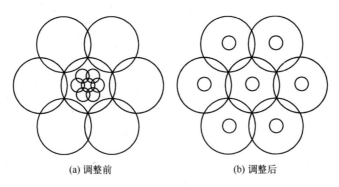

(a) 调整前　　　　　　　　　　　　(b) 调整后

图 3.5　热点区波束覆盖的实时调整示意图

## 3.2.3　多波束天线方案

为了充分利用有限的频谱资源，在平流层信息平台上使用多波束天线在地面上形成"蜂窝小区"结构，如图 1.3 所示，这样空间分离的用户可以复用无线信道。这与广泛使用的 GSM 移动通信系统十分相似。目前，L 波段的多波束相控阵天线已经可以生成 1600 个波束，而毫米波段的多波束天线已经在卫星系统中投入使用。平流层信息平台不是绝对不动的，而是准静止的，虽然有自动位置保持系统，但在位置的恢复过程中总会使多波束天线在地面上产生的蜂窝小区的形状发生变化，因此在平台通信有效载荷中应设计一种弥补平台移动的万向接头装置。多波束天线或其他碟形（抛物面）天线安装在万向接头装置上，当平台移动时，万向接头装置会根据平台移动的方向和大小自动调整姿态，使各种天线的指向尽量保持不变。

### 1. 方向性天线联合天线系统

如图 3.6 所示，多个高增益方向性天线系统由若干高增益天线阵元、射频通道、机械驱动的天线方向控制器等部分构成。每个天线单元负责向地面投射一个波束，波束的主瓣方向由天线的口面方向决定。天线方向控制器是一个包含万向节的机械装置，它根据输入的天线方向控制信息调整每个天线的照射方向。高增益方向性天线方案具有以下优点[41]：

（1）设计理论和制造技术成熟、完善。

（2）天线的增益、轴比等参数的宽带特性优异。

（3）开发费用较低。

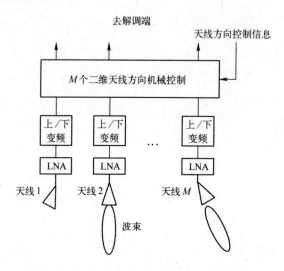

图 3.6　高增益方向性天线联合天线系统

　　但是，该方案也有一些明显的缺陷：①一般小区划分会采取频率复用的方案，通常复用系数为 4 或 7，那么相邻小区会采用不同的载频，而用户的移动和平流层平台本身不可避免地移动会导致频繁地越区切换操作，相比DBF 阵列方案，灵活性较差；②任何一个阵元的损坏都会造成该阵元覆盖区域无法工作；③为了抑制小区间的干扰，天线方向图必须具有低旁瓣和快速滚降两项特性，但快速滚降特性和强方向性之间存在矛盾；④当需要大量波束时，必须采用大量阵元，导致连接转发器和天线的线缆数量大增，万向节旋转困难，因此该方案难以应用于波束数量特别大的场合。

**2．数字波束形成自适应阵列天线**

　　如图 3.7 所示，数字波束形成（Digital Beam Forming，DBF）自适应阵列系统包括天线阵列、射频通道、数/模转换和数字多波束形成器等模块，天线阵列由若干全向性天线单元构成。对于上行情况，阵列接收到的信号经过射频通道和模/数转换得到基带数字信号向量，而数字多波束形成器在数字域对该信号向量进行信号处理，根据一定的算法和准则生成若干组加权向量，

36

每一组加权向量对应一个波束，也就是说，波束的方向、形状完全由对应的波束形成器决定。对于下行情况，如果是频分双工（FDD）系统，则可以根据对上行信号进行 DOA 估计进而生成下行波束；如果是时分双工（TDD）系统，则由于上下行信道的对称性，上下行波束是一致的。数字信号处理一般可以采用 ASIC、FPGA、DSP 三种方式实现，其中：ASIC 的计算速度最快，但没有可编程能力，开发困难，升级费用高；FPGA 既有硬件级的计算能力，又有可编程的优点（硬件描述语言如 VHDL），利于实现多波束并行计算和算法的升级；DSP 芯片编程能力最强，完全采用 C 语言或汇编语言软件编程，但目前其运算能力仍不满足需要，只能用来实现一些控制功能。采用 DBF 多波束天线阵方案具有如下优点[41]：

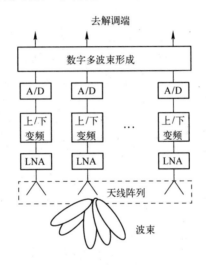

图 3.7  DBF 自适应阵列天线

（1）由于波束形成在数字域进行，波束的形态控制非常灵活、精确，无需机械控制机构，容易实现大量波束的形成。

（2）数字阵元的损坏不会对整体系统的工作造成太大的影响。

（3）对特定的地面用户，系统可以控制在用户方向上实现最大增益，实现干扰源的抑制，大大提高信噪比，在空间上将不同用户完全分隔开，实现空分多址。

（4）系统对信道有自适应能力，采取自适应波束成形算法，可以根据实时的信道情况调整权值，以跟踪信道的变化。

（5）可利用数字方式实现快速通道校准，降低对射频器件的要求。

（6）天线单元一般为平面形状，阵列形状简单、紧凑。

DBF 自适应阵列方案也存在一定的问题，主要表现在：DBF 系统的开发不仅需要天线设计的理论，而且涉及数字信号处理、数字电路设计等领域的技术，相比方向性天线方案，本方案理论和技术上尚不成熟和完善，开发费用较高。

### 3. 径向线缝隙天线

径向线缝隙天线（Radial Line Slot Antenna，RLSA）是一种非常适合应用于平流层通信的天线形式，与其他天线形式相比，具有平面形状、结构简单、质量小、效率高、安装于空中平台时空气动力学特性好、便于大规模生产等优点。

RLSA 最初由 Goto 于 1980 年提出，经过 Ando 等人的不断改进和创新，在卫星电视接收、毫米波无线局域网、汽车避撞雷达等领域已有成功的商业应用。RLSA 有很多结构形式，其基本工作原理是类似的，图 3.8 为 RLSA 结构原理。

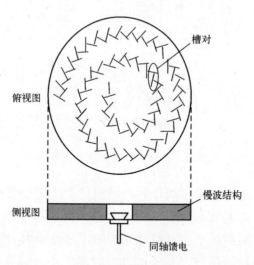

图 3.8　RLSA 结构

图 3.8 中，上、下两层金属板构成一平行板波导，中间填充介质材料构成慢波结构，波导中心处同轴线馈入的电磁场能量沿着轴向向外传输，上层金属板上开出很多槽对，能量被这些槽对耦合并辐射至外空间。每一个槽对包括相互垂直的两条缝隙，构成一个圆极化辐射单元。槽对在金属板上沿螺

线形分布，不同槽对之间的相位差由内场激励的相位差予以补偿，从而产生前向波束。对于一般的平面天线，如微带天线，导体损耗会大大降低其效率；而对于 RLSA，波导的传输损耗非常小，天线可在获得高增益的同时取得非常高的效率。

## 4．喇叭天线

喇叭天线十分适合 HAPS 所使用的各种频率（通常几吉赫及以上频率），其波导是标准的馈源方式，其波导截面向外逐渐增大，形成喇叭筒结构，如图 3.9 所示。口面是矩形，也可以采用圆形和椭圆形。口面尺寸的选择应当适于产生谐振，从而改善天线的场分布。喇叭的长度比口面宽度大时能生成最好的方向图（窄主瓣、低旁瓣），但是这种好的方向图需要综合考虑馈源的体积，而 HAPS 系统恰好需要窄主瓣天线，所以这种天线在 HAPS 中的应用中有明显的优势。喇叭天线的另一个常见应用是作为卫星系统抛物面天线的馈源单元[25]。

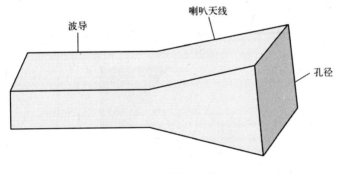

图 3.9　喇叭天线

## 5．透镜天线

透镜天线通过使用微波透镜使球面波变为平面波。由于这种天线使用透镜将波阵面拉直，因此它的设计是基于折射定律而不是反射定律。

透镜天线有两种类型（图 3.10）：一个是延迟透镜，通过透镜使其电路径长度增加；另一个是超前透镜，通过透镜使其电路径长度减少[25]。

HAPS 通信中，天线使用球面透镜的一个非常有用的特性是它们能够在较大的角度范围形成多波束，而不造成任何扫描损失。这一点对于 HAPS 系统是非常有用的，满足了跟踪能力和波束控制的功能要求。对于波束控制，馈源位置必须改变。

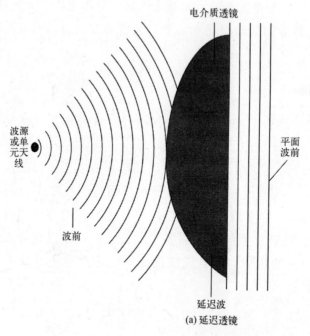

电介质透镜

波源或单元天线

波前

平面波前

延迟波

(a) 延迟透镜

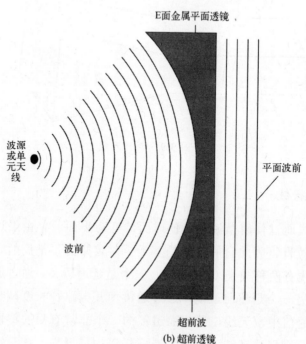

E面金属平面透镜

波源或单元天线

波前

平面波前

超前波

(b) 超前透镜

图 3.10 延迟透镜和超前透镜

## 6．抛物面天线

抛物面（碟形）天线是很多长距离通信应用的首选，包括卫星和空间通信，其高增益和较好的方向性提升了毫米波通信的应用效能。抛物面天线反射镜的不对称主辐射将产生非对称的次辐射场，造成抛物面天线旁瓣较高；但很难找到低副瓣的主辐射能产生不对称波束，且窄到足以提供所需的振幅衰减。此外，为避免口面堵塞，还必须使用偏移反射器。尽管如此，抛物面天线仍是 HAPS 系统一个有效的选择。

1）抛物面天线结构

常用的抛物面天线结构主要由两部分构成：一个是照射器，由一些弱方向性天线来担当，如短电对称振子天线、喇叭天线，它的作用是把高频电流转换为电磁波并投射到抛物面上；另一个是抛物面，一般由导电性能较好的铝合金板构成，其厚度为 1.5～3mm，或者由玻璃钢构成主抛物面，然后在其内表面粘贴一层金属网或金属栅栏，它是构成天线辐射场方向性的主要部分。抛物面天线的结构原理如图 3.11 所示。

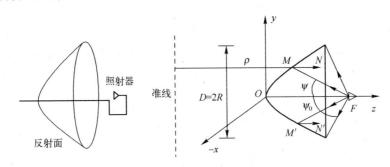

图 3.11　抛物面天线的结构原理

2）抛物面天线工作原理

如图 3.11 所示，$F$ 点为照射器的焦点位置。当把照射器置于焦点位置，并使照射器的相位中心与抛物面焦点重合，照射器辐射出的球面波经过旋转抛物面反射后，在口面上将转变成平面波，使抛物面天线口面场形成均匀分布，均匀口面场必将产生强方向性辐射场。如果把旋转抛物面天线用作接收，入射波又是平面波形式，经抛物面反射后，就会把平面波转换成球面波传送到位于焦点位置的照射器，形成聚集接收，增加照射器接收信号的强度。

3）抛物面天线的参数选择

根据已知的波长、增益等来确定抛物面天线的直径、焦距、抛物面张角、抛物面天线增益等参数。

已知波长 $\lambda$、天线增益 $G$ 时，抛物面天线直径按下式计算：

$$D = \frac{\lambda}{\pi} \cdot \sqrt{\frac{G}{g}} \qquad (3-1)$$

式中：$g$ 为口面综合利用系数，一般取 0.5～0.6。

焦距按下式计算：

$$f = (0.25 \sim 0.5)D \qquad (3-2)$$

抛物面张角按下式计算：

$$\psi = 2\text{arccot}\left(\frac{4f}{D}\right) \qquad (3-3)$$

已知抛物面天线直径 $D$ 时，抛物面天线增益按下式计算：

$$G = \left(\frac{\pi \times D}{\lambda}\right)^2 \times \eta \qquad (3-4)$$

式中：$G$ 为增益（dB）；$\lambda$ 为天线工作波长（m），$\eta$ 为天线效率，一般取 0.5～0.75。

### 3.2.4 不同频段平流层通信平台天线的选择

工作于不同频段的平流层通信系统，对天线的要求是不同的。

#### 1. L～S 波段平流层高空平台天线选择

L～S 波段（如 2GHz）宜采用 DBF 天线阵列，阵列单元可采用平面微带天线或平面印制天线，其原因如下：

（1）该波段业务为 3G 和 4G 移动通信业务，用户移动性强，业务量大，利用 DBF 阵列的自适应能力可有效提高频谱利用率。

（2）该波段频率较低，电尺寸大，高增益天线阵元的口面面积过大，造成天线系统体积、重量难以满足平流层飞艇载荷的限制要求。

（3）目前在 3G 研究领域自适应天线（或称智能天线）有众多研究者参

与，已经有相当的研究和工程实现的积累，这使得在该波段采用本方案的研发风险相对较低。

## 2．Ka 波段平流层高空平台天线选择

Ka 波段（如 28/31GHz）业务为固定宽带接入，用户移动性不是非常强，既可以考虑采用 DBF 阵列，也可以考虑体积、重量适合的高增益天线形式，如径向线缝隙天线。从对日本、韩国的研究现状来看，多采用 DBF 天线。

## 3．Q 波段平流层高空平台天线选择

Q 波段（如 47/48GHz）处于毫米波段，基于介质基板的平面天线由于介质基板的损耗太大而使天线效率降低，所以不宜采用 DBF 阵列天线的形式，一般采用喇叭天线、介质透镜天线、RLSA 等多高增益阵元天线系统。

# 3.3 平流层通信系统网络拓扑结构

归功于平流层通信系统易实现快速部署的优点，平流层通信网络拓扑形式多样。根据平流层通信系统提供的服务类型，可以将平流层通信系统网络拓扑结构分为三类[42-43]：独立的平流层通信系统网络、平流层-地面通信系统共网，以及平流层-地面-卫星通信系统共网。

## 3.3.1 独立的平流层通信系统网络

对于农村等人员较少的边远山区，采用地面蜂窝覆盖实施的难度较大且有效性较低，而卫星通信成本太高，这种情况下平流层覆盖是一个有用的解决方案。采用无人飞机、热气球作为平流层通信平台基站，每一个通信平台通过多波束天线覆盖一个区域，每个区域内包括多个小区，每个小区由一个波束覆盖构成，多个通信平台构成了整个平流层通信系统。单个小区内以及同一个区域内小区之间的通信，通过该平流层通信平台完成链路的转接和交换。而不同区域之间的通信，通过平流层通信平台之间的光通信实现转接。在地面需要设立网管站，平流层终端通过网管站和其他异构网络进行连接。独立的平流层通信系统网络结构如图 3.12 所示。

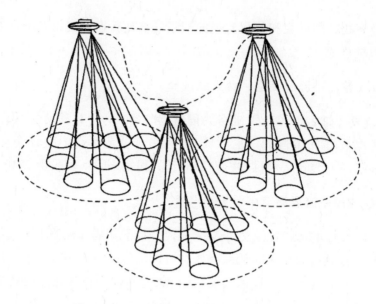

图 3.12  独立的平流层通信系统网络结构

### 3.3.2  平流层-地面通信系统共网

在乡镇、城市等人员密集的某些热点区域，平流层单独组网的覆盖系统往往不能满足通信业务量较大的需求，因此平流层与地面蜂窝系统共同组网构成的覆盖形式将是一个很有吸引力的解决方案。平流层通信平台的多波束覆盖构成宏蜂窝，针对热点区域，建立由地面基站覆盖而形成的微蜂窝。宏蜂窝为低比特的高速移动终端提供服务，微蜂窝为高比特的移动终端提供服务。平流层基站与地面基站通过网关站相连。平流层-地面通信系统共网结构如图 3.13 所示。

### 3.3.3  平流层-地面-卫星通信系统共网

充分利用平流层、地面和卫星三种系统的优势，为无线终端的无缝接入、高质量的通信提供了可能。卫星系统可以实现更大范围如海洋、沙漠、森林的覆盖。通过卫星系统天生的广播和多点分发的优势、平流层系统中继站的功能，可以完美地实现整个系统对多媒体通信和服务的支持。平流层多个平台通过光纤彼此连接，通过特定算法选择一个平台作为簇头和卫星连接。卫星通过和地面网关交换信息连接到其他异构网络。平流层-地面-卫星通信系

44

统共网结构如图 3.14 所示。

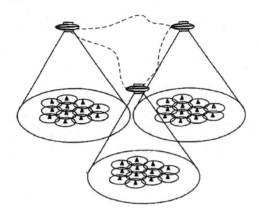

图 3.13　平流层-地面通信系统共网结构

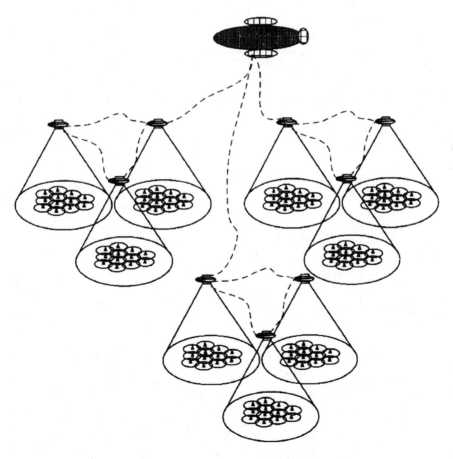

图 3.14　平流层-地面-卫星通信系统共网结构

## 3.4 平流层通信系统协议体系结构

目前，国内外对于平流层通信平台主要有两种协议体系方案：一种是基于无线 ATM 的组网方案，底层协议采用 ATM 协议栈；另一种是基于 IP QoS 的组网方案，底层协议采用类似 IEEE802.16 的协议栈，即 WiMax 协议，可实现大面积的室内和室外信号覆盖，甚至只要少数基站就可以实现全城覆盖，具有超远的传输距离，而且能够提供优良的最后一公里网络接入服务。WiMax 主要应用于城域网，它的覆盖范围为 500km，所以从覆盖范围来说，平流层宜选择 WiMax 通信标准，而且 WiMax 传输速率高，表 3.3 给出了 IEEE802.16 系列标准比较。

表 3.3 IEEE802.16 系列标准比较

| | IEEE802.16 | IEEE802.16a | IEEE802.16—2004 | IEEE802.16e—2005 |
|---|---|---|---|---|
| 标准情况 | 2001 年 12 月发布 | 2003 年 1 月发布 | 2004 年 10 月发布 | 2006 年 2 月发布 |
| 使用频段 /GHz | 10～66 | <11 | 10～66<br><11 | <6 |
| 信道条件 | 视距 | 非视距 | 视距+非视距 | 非视距 |
| 固定/移动性 | 固定 | 固定 | 固定 | 移动+漫游 |
| 调制方式 | QPSK，16QAM，64QAM | 256OFDM（BPSK/QPSK/16QAM/64QAM） | 256OFDM（BPSK/QPSK/16QAM/64QAM）2048OFDM | 256OFDM（BPSK/QPSK/16QAM/64QAM）128/512/1024/2048 OFDM |
| 信道带宽 /MHz | 25/28 | 1.25～20 | 1.25～20 | 1.25～20 |
| 传输速率/（Mb/s） | 32～134（以 28MHz 为载波带宽） | 约 75（在 20MHz 信道上） | 约 75（在 20MHz 信道上） | 约 30（在 10MHz 信道上） |
| 额度小区半径 | <5km | 5～10km | 5～15km | 几千米 |

## 3.5 平流层通信系统裕量的计算与分析

由 2.1 节可知，天气情况会对平流层通信系统造成一定影响，所以在设计平流层通信系统时应该留出一定的链路裕量，保证通信系统的正常工作。平流层通信系统设计的思路如下：

（1）根据需要覆盖地区的特点，选取高空平台的位置。高空平台的位置一般距离地面 17～25km。

（2）根据平台转发器的性能参数、用户的需求和业务类型确定所需要的载噪比，设计合适的天线口径、功率放大器、调制和编码方式等。

（3）对已经设计好的链路进行裕量计算。在实际工程应用中，天气、附加噪声、设备不理想（调制解调器、同步恢复、正交极化波的鉴别率下降）等因素对系统性能有很大的影响，需要对整个链路留出足够的裕量。

（4）通过计算的裕量，验证系统的设计是否具有合理性。合理的设计应保证系统略有裕量，同时使系统所占用的转发器功率资源与带宽资源相平衡。如果链路预算结果表明，在功率与带宽相平衡时所得的系统裕量过大或不足，那么可以改变天线口径，或调制、编码参数，对系统进行优化。

### 3.5.1 通信链路裕量计算方法

链路裕量的计算公式为

$$M = [C/N]_a - [C/N]_r \qquad (3\text{-}5)$$

式中：$[C/N]_a$ 为现有设备可提供的载噪比；$[C/N]_r$ 为完成需要的业务量所需要的载噪比。

$$[C/N]_a = [\mathrm{EIRP}] + [G_r] - [A_T(p)] - [k] - [T] - [B] \qquad (3\text{-}6)$$

式中：EIRP 为发射机等效全向辐射功率；$A_T(p)$ 为空间总衰减；$k$ 为玻耳兹曼常数 $(1.38 \times 10^{-23}\,\mathrm{J/K})$；$T$ 为等效噪声温度；$B$ 为接收机等效带宽。习惯上用中括号表示使用基本功率定义的分贝值。

$[C/N]_r$ 取决于系统提供的服务，包括归一化的信噪比 $E_b/N_0$、信息传输速率 $R$、接收机等效带宽 $B$ 以及编码增益 $G_{coding}$。编码增益是指在相同的信道误码率和信噪比情况下，编码比未编码时的功率节省量。

$E_b/N_0$ 表示每比特的能量除以每赫兹带宽中的噪声的比值[44]。它是数字接收机中非常重要的技术参数，用于表示误码率（BER）的函数。$E_b$ 为接收到的每比特信号能量；$N_0$ 为噪声谱密度(1Hz 带宽内的功率)。$E_b/N_0$ 阈值反映了数字接收机的解调能力，其值越小，解调能力越强。误码率有一个显著特征，随 $E_b/N_0$ 值很快变化，$E_b/N_0$ 减小几分贝，就可以使误码率成几十倍增加，致使信号无法解出而工作中断。如果已知 $E_b/N_0$ 值，则达到误码率所要求的输入载噪比可用下式表示：

$$[C/N]_r = [E_b/N_0] + [R] - [B] - G_{coding} \tag{3-7}$$

根据具体业务所需的误码率指标要求，以及误码率与归一化信噪比的计算公式，就可以得出所需要的载噪比。

误码率计算与调制解调方式有关，采用 QPSK 调制时，误码率与信噪比的关系式为

$$P_{QPSK} = \frac{1}{2\lg 2} \mathrm{erfc}\left[\sqrt{\frac{E_b}{N_0}\lg 2}\right] \tag{3-8}$$

QAM 调制解调时，其误码率与信噪比的关系式为

$$P_{QAM} = \left(1 - \frac{1}{L}\right) \mathrm{erfc}\left[\sqrt{\frac{3\lg 2L}{L^2-1}\left(\frac{E_b}{N_0}\right)}\right] \tag{3-9}$$

### 3.5.2 通信链路裕量分析

为了验证 HAPS 通信系统是否合理，需要根据信息传输种类和指标要求，将设计系统的参数代入裕量计算公式中，得出裕量值，验证系统设计的合理性。

假定平流层通信平台在湛江上空，其位置距离地面 20km，地面站的坐标是东经 111°5′，北纬 21°12′，海拔 14.4m，天线仰角为 30°，工作于 Ka 频段，采用 WiMax 协议，带宽 25MHz，数字传输速率 20Mb/s，采用 QPSK 调制。

#### 1．上行链路通信裕量

1）系统设计参数

系统上行链路设计参数如表 3.4 所列。

表 3.4　系统上行链路设计参数

| 参数 | 量值 |
|---|---|
| 地球站与平台的距离 $d$/km | 40 |
| 上行链路工作频率 $f$/GHz | 30.2 |
| 平台上天线总增益 $G_{rs}$ /dB | 40 |
| 平台上接收机的总噪声温度 $T_s$ /K | 150 |
| 平台上接收机的噪声带宽 $B_s$ /MHz | 25 |
| 地球站全向辐射功率 EIRP/dBW | 68 |

2）空间总衰减

空间总衰减由式（2-60）确定，利用 2.1 节给出的各衰减模型，用 Matlab 仿真方法得到各衰减值。仿真中地球半径取值为 6378.14km。

（1）自由空间传播损耗。

自由空间传播损耗为

$$A_{\mathrm{F}} = 10\lg\left(\frac{4\pi d}{\lambda}\right)^2 = 154.0788 \quad (\mathrm{dB}) \tag{3-10}$$

（2）大气吸收损耗。湛江大气压强、温度、水蒸气密度实验数据如图 3.15～图 3.17 所示。

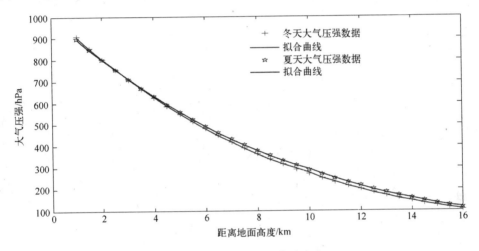

图 3.15 湛江大气压强实验数据

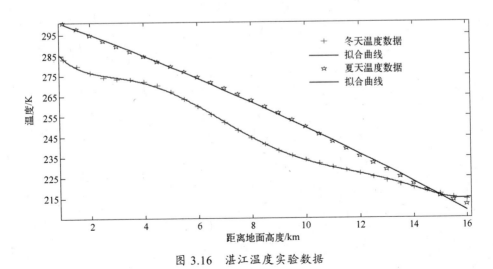

图 3.16 湛江温度实验数据

49

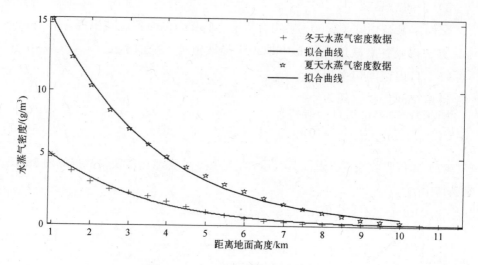

图 3.17  湛江水蒸气密度实验数据

将湛江大气压强、相对温度、水蒸气密度数值代入式（2-20），得到上行链路的大气吸收损耗为

$$A_g(p) = \begin{cases} 0.68\text{dB}, & \text{冬天} \\ 1.44\text{dB}, & \text{夏天} \end{cases} \qquad (3\text{-}11)$$

（3）雨衰损耗。设天线是圆极化，链路有效性为 99.99%。湛江属中国南方，$Q_1 = 3.12$，$\beta = 0.15$。由式（2-41）可计算出湛江的统计雨衰和最坏月雨衰分别为

$$A_R(p) = 57.18\text{dB}, \quad p = 0.01 \qquad (3\text{-}12)$$

$$A_R(p_w) = 71.35\text{dB} \qquad (3\text{-}13)$$

可见，降雨对平流层通信影响很大。

（4）对流层闪烁衰减。

利用式（2-51），设天线尺寸为 1m，天线效率为 50%，则对流层闪烁衰减为

$$A_S(p) = 1.25\text{dB}, \quad p = 0.01 \qquad (3\text{-}14)$$

（5）云雾反射衰减。

利用式（2-53），可得云雾反射衰减为

$$A_C(p) = 6.42\text{dB} , \quad p = 0.01 \qquad (3\text{-}15)$$

将上述各种衰减的最差结果（雨衰时考虑统计值）代入式（2-60），得上行链路的总衰减为：

$$A_T(p) = 219.13116\text{dB} , \quad p = 0.01 \qquad (3\text{-}16)$$

3）上行链路可提供的载噪比

由式（3-6）得上行链路提供的载噪比为

$$\begin{aligned}
[C/N]_a &= [\text{EIRP}] + [G_r] - [A_T(p)] - [k] - [T] - [B] \\
&= 68 + 40 - 219.13116 - 10\lg(1.38 \times 10^{-23}) - 10\lg 150 - 10\lg(25 \times 10^6) \quad (3\text{-}17) \\
&= 21.7297(\text{dB})
\end{aligned}$$

4）业务所需载噪比

根据对信息传输的需求，确定平流层上行链路参数如表 3.5 所列。

表 3.5　上行链路设计参数

| 参数 | 量值 |
|---|---|
| 地球站与平台的距离 $d$/km | 40 |
| 误码率 | $10^{-6}$ |
| 数字传输速率/（Mb/s） | 20 |
| 接收机检波器带宽/MHz | 25 |

设系统采用 QPSK 调制方式，利用式（3-8）可得 $E_b/N_0 = 16.1666\,\text{dB}$，代入式（3-7），假设没有采用信道编码方法，$G_{\text{coding}} = 0$。得上行链路业务所需载噪比为

$$\begin{aligned}
[C/N]_r &= [E_b/N_0] + [R] - [B] - G_{\text{coding}} \\
&= 16.1666 + 10\lg(20 \times 10^6) - 10\lg(25 \times 10^6) - 0 \qquad (3\text{-}18) \\
&= 15.19748(\text{dB})
\end{aligned}$$

由式（3-5）、式（3-17）和式（3-18）可得上行链路裕量为

$$M = 6.5323\text{dB} \qquad (3\text{-}19)$$

**2．下行链路通信裕量**

下行链路设计参数如表 3.6 所列。

表 3.6　下行链路设计参数

| 参数 | 量值 |
|------|------|
| 地球站与平台的距离 $d$/km | 40 |
| 下行链路工作频率 $f$/GHz | 20.4 |
| 地球站抛物面天线总增益 $G$/dB | 58 |
| 地球站接收机的总噪声温度 $T$/K | 150 |
| 地球站接收机的噪声带宽 $B$/MHz | 25 |
| 平台全向辐射功率 EIRP/dBW | 60 |

下行链路业务参数同上行链路，按照上述分析方法可得下行链路通信裕量为

$$M = 4.9639\text{dB} \tag{3-20}$$

### 3．测试结果分析

（1）系统设计时，没有考虑成本，都是在最坏的情况下选择参数，目的是使该系统能够在恶劣的环境下也能够进行正常的通信。

（2）通过上述分析，所设计系统的上行链路的裕量值为 6.5323dB，下行链路的裕量值为 4.9639dB，意味着在正常天气情况下，系统能满足信息传输要求。从这个结果可以看出，本系统的设计是合理的。

（3）从计算过程中还可以看出，雨衰对 Ka 频段的通信影响很大。上行雨衰长期统计值为 57.18dB，最坏月数值为 71.35dB。如果雨衰减少 1 个数量级，那么功率放大器的辐射功率就可以减少 40dB。

（4）在所设计的系统中，没有考虑信道编码对系统裕量的影响。由式（3-7）可知，当采用信道编码后，可进一步降低系统所需的载噪比，进而增大系统裕量；或者在相同裕量的情况下，降低系统对发射功率、天线增益、等效噪声带宽等性能指标的要求，降低系统成本和技术难度。因此，从系统裕量角度研究编码增益高的信道编码是很重要的。

# 第 4 章　平流层通信可靠性技术

信息传输的可靠性是通信的基本要求，然而，在通信过程中，自始至终都存在着噪声和干扰，导致接收端会产生错误信息。信道编码是提高通信系统可靠性的一种重要手段。平流层通信信道编码方案可借鉴卫星通信。但这种传统编码都有规则的代数结构[45]，无论在编码长度还是随机性方面都远远不能达到要求，更谈不上"随机性"[46]，同时出于译码复杂度的考虑，码长也不可能太长，所以传统的信道编码性能与香农（Shannon）编码定理的信道容量之间存在较大差距。因此，在频带和功率受限的平流层通信中，研究高效的信道编码方法是平流层通信的前提和基础。

## 4.1　基于 DVB-RCS 标准的 Turbo 码增强平流层通信可靠性技术

### 4.1.1　Turbo 码概述

香农编码定理指出：任何一个通信信道都有确定的信道容量，如果传输速率小于信道容量，则存在一种编码方法，当码长充分长并应用最大似然译码（Maximum Likelihood Decoding，MLD）时，信息的错误概率可以达到任意小[47]。该定理给出了信道编码增益的理论上限，或传输每一信息比特所需信噪比的下限[48]。长期以来信道容量仅作为一个理论极限存在，实际的编码方案设计和评估都没有以香农极限为依据[45]。

1993 年，法国学者 Berrou 等人在国际通信会议（ICC）上发表的论文"逼近 Shannon 限的纠错编码和译码——Turbo 码"中首次提出了 Turbo 码[49]。Turbo 码巧妙地将两个简单短码（分量码）通过伪随机交织器进行并联来构造具有伪随机特性的长码，并通过在两个软输入/软输出（SISO）译码器之间进行多次迭代实现了伪随机译码。该文论述，在加性白高斯噪声的环境下，

采用编码效率 $R=1/2$、交织长度为 65536 的 Turbo 码，经过 18 次迭代后，在 $E_b/N_0 = 0.7\text{dB}$ 时，其误码率达到 $10^{-5}$，与香农极限只相差 0.5dB。

Turbo 码提供了一种在低信噪比条件下性能优异的级联编码方案和次最优的迭代译码方法[48]，它不仅具有抗随机噪声的能力，而且具有较强的抗突发干扰的能力，因此受到广泛重视，已经成为 3G 的标准。

### 1．Turbo 码的编码结构

Berrou 等人最初提出的 Turbo 码采用的是并行级联卷积码的结构（PCCC），如图 4.1 所示。

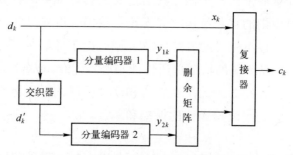

图 4.1　Turbo 码的并行级联卷积码结构

Turbo 码编码器主要由分量编码器、交织器以及删余矩阵和复接器组成。分量码一般选择为递归系统卷积码（Recursive System Convolutional，RSC），也可以是分组码（Block Code，BC）、非递归卷积（Non-Recursive Convolutional，NRC）码以及非系统卷积（Non-Systematic Convolutional，NSC）码，分量码的最佳选择是递归系统卷积码，通常两个分量码采用相同的生成矩阵，分量码也可以是不同的。在编码过程中，两个分量码的输入信息序列是相同的，长度为 $N$ 的信息序列 $\{d_k\}$ 一个支路直接作为系统输出 $\{x_k\}$ 送至复接器，另一个支路送入第一个分量编码器，得到校验序列 $\{y_{1k}\}$，第三个支路经过交织器 I 后信息序列为 $\{d'_k\}$，送入第二个分量编码器，得到校验序列 $\{y_{2k}\}$，其中 $k' = I(k)$。$I(\cdot)$ 为交织映射函数，$N$ 为交织长度，即信息序列长度。为提高码率和系统频谱利用率，可以将两个校验序列经过删余矩阵后，再与系统输出 $\{x_k\}$ 一起经过复接构成码字序列 $\{c_k\}$。

设输入序列在 $k$ 时刻的比特为 $d_k$，经约束长度为 $N$ 的卷积码编码后，输出的校验位 $y_k$ 可表示为 $y_{1k} = \sum_{i=0}^{N-1} g_{1i} d_{k-i}$，$y_{2k} = \sum_{i=0}^{N-1} g_{2i} d'_{k-i}$

式中，$G_1$: $\{g_{1i}\}$，$G_2$: $\{g_{2i}\}$ 分别为两个编码器的生成多项式。若某一时刻输入比特 $d_k$，则 Turbo 码编码器的输出码字为 $\{d_k, y_{1k}, y_{2k}\}$，即编码速率 $R$=1/3。为了获得更高的码率（如 $R$=1/2），可用删余矩阵按一定的规则将校验位二选一。

图 4.2 给出了约束长度为 3、生成删余矩阵为（7，5）、生成多项式为（$1+D+D^2$，$1+D^2$）、码率为 1/2，由两个相同的递归系统卷积码作为分量码的八进制表示的 Turbo 码编码器[50]。

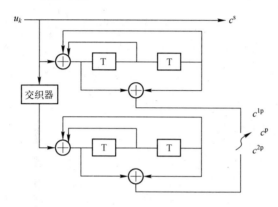

图 4.2　（7，5）Turbo 码编码器

经编码后得到的输出中每个信息比特对应两个递归系统卷积分量码输出的校验比特，从而总的码率为 1/3。若要将码率提高到 1/2，则可以采用删余矩阵

$$P = \begin{bmatrix} 1 & 0 \\ 0 & 1 \end{bmatrix}$$

删余矩阵 $P$ 表示分别删除 $\{x_k^{1p}\}$ 中位于偶数位置的校验比特和 $\{x_k^{2p}\}$ 中位于奇数位置的校验比特。与系统输出 $\{x_k^s\}$ 复接后得到的码字系列 $c=\{x_0^s, x_0^{1p}, x_1^s, x_1^{2p}, x_2^s, x_2^{1p}, \ldots, x_{N-1}^s, x_{N-1}^{2p}\}$，其中假设信息序列长度 $N$ 为偶数。若输入序列 $u_k$=\{1011001\}，则上面递归系统卷积分量码编码后的系统输出 $c^s$=\{1011001\} 和校验输出 $c^{1p}$=\{1100100\}。假设经过交织器交织后的输入信息序列 $u_k'$=\{1101010\}，则下面的递归系统卷积分量码编码后的校验输出 $c^{2p}$=\{1000000\}，得到的码率为 1/3 的输出码字 $c$=\{111, 010, 100, 100, 010, 000, 100\}，采用删余矩阵 $P$ 删余后得到码率为 1/2 的码字 $c$=\{11, 00, 10, 10, 01, 00, 10\}。同样，也可以在码字中增加校验比特的比率来提高 Turbo 码的性能，校验比特比率的增加导致 Turbo 码的码率降低。通常有两种途径降低 Turbo 码

的码率：

（1）采用低码率的分量码。对于由两个分量码组成的 Turbo 码，其码率 $R$ 与两个分量码的码率 $R_1$ 和 $R_2$ 之间满足

$$R = \frac{R_1 R_2}{R_1 + R_2 - R_1 R_2} \qquad (4\text{-}1)$$

显然，降低 $R_1$ 和 $R_2$ 的值可以使 $R$ 减小；反之，$R$ 增大。

（2）增加分量码的个数，实现多维 Turbo 码。如果分量码的个数为 $n$，不采用删余矩阵时，得到的码率 $R=1/(n+1)$。

可以综合上述两种方法得到任意码率的 Turbo 码。当然，Turbo 码还有别的编码结构，如 HCCC 编码结构和 SCCC 编码结构等，本书采用 PCCC 结构。

### 2．Turbo 码的解码结构

Turbo 码获得优异性能的根本原因之一是采用了迭代译码，通过分量译码器之间软信息的交换来提高译码性能。对于并行级联码，如果分量译码器的输出为硬判决，则不可能实现分量译码器之间软信息的交换；同样，对于串行级联码，如果内码译码器的输出为硬判决结果，则外码译码器也无法采用软判决译码技术，从而限制了系统性能的进一步提高。从信息论的角度看，任何硬判决都会损失部分信息，因此，如果分量译码器（内码译码器）能够提供一个反映其输出可靠性的软输出，则其他分量译码器（外码译码器）也可以采用软判决译码，从而系统的性能进一步提高。为此，人们提出了软输出译码的概念和方法，即译码器的输入和输出均为软信息。

图 4.3 给出了 PCCC 的译码结构[50]。

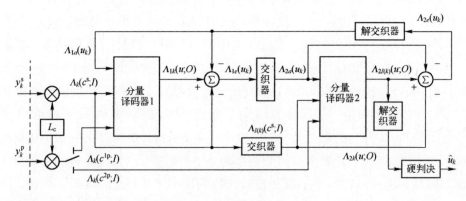

图 4.3  PCCC 的译码结构

假设编码输出信号 $X^k=(x_k^s, x_k^p)$，接收信号 $Y^k=(y_k^s, y_k^p)$。其中，$y_k^s = x_k^s + i_k$，$y_k^p = x_k^p + q_k$，$i_k$ 和 $q_k$ 是服从均值为 0、方差为 $N_0/2$ 的独立同分布高斯随机变量。经过 s/p，可得到三个序列：系统接收信息序列 $Y^s=(y_1^s, y_2^s, \cdots, y_N^s)$，译码器 1 的接收校验序列 $Y^{1p}=(y_1^{1p}, y_2^{1p}, \cdots, y_N^{1p})$，译码器 2 的接收校验序列 $Y^{2p}=(y_1^{2p}, y_2^{2p}, \cdots, y_N^{2p})$。值得注意的是，若其中某些校验比特在编码过程中通过删余矩阵被删除了，则在接收校验序列的相应位置以"0"来补充。$Y^s$、$Y^{1p}$ 和 $Y^{2p}$ 三个接收序列经过信道置信度 $L_c$ 加权后作为系统信息序列 $\Lambda(c^s;I)$、校验信息 $\Lambda(c^{1p};I)$ 和 $\Lambda(c^{2p};I)$ 送入译码器。对于 AWGN 信道，$L_c=4$。对于第 $k$ 个被译比特，PCCC 译码器中每个分量译码器都包括系统信息 $\Lambda_k(c^s;I)$、校验信息 $\Lambda_k(c^{1p};I)$ 和先验信息 $\Lambda_{ia}(u_k)$，其中先验信息 $\Lambda_{ia}(u_k)$ 由另一个分量译码器生成的外部信息 $\Lambda_{3-i,e}(u_k)$ 经过解交织/交织后的对数似然比值。译码输出为对数似然比 $\Lambda_k(u;O)$，其中 $i=1$，2。在迭代过程中，分量译码器 1 的输出 $\Lambda_{1k}(u;O)$ 可表示为系统信息 $\Lambda_k(c^s;I)$、先验信息 $\Lambda_{1a}(u_k)$ 和外部信息 $\Lambda_{1e}(u_k)$ 之和的形式即

$$\Lambda_{1k}(u;O)=\Lambda_k(c^s;I)+\Lambda_{1a}(u_k)+\Lambda_{1e}(u_k)$$

式中：$\Lambda_{1a}(u_{I(k)})=\Lambda_{2e}(u_k)$。$I(k)$ 为交织映射函数。在第一次迭代时，$\Lambda_{2e}(u_k)=0$，从而 $\Lambda_{1a}(u_k)=0$，对于分量译码器 2，其外部信息 $\Lambda_{2e}(u_k)$ 为输出对数似然比 $\Lambda_{2k}(u;O)$ 减去系统信息 $\Lambda_{I(k)}(c^s;I)$（经过交织映射）和先验信息 $\Lambda_{2a}(u_k)$ 的结果，即

$$\Lambda_{2e}(u_k)=\Lambda_{2k}(u;O)-\Lambda_{I(k)}(c^s;I)-\Lambda_{2a}(u_k)$$

式中：$\Lambda_{2a}(u_k)=\Lambda_{1e}(u_{I(k)})$。

外部信息 $\Lambda_{2e}(u_k)$ 解交织后反馈为分量译码器 1 的先验输入，完成一轮迭代译码。随着迭代次数的增加，两个分量译码器得到的外部信息值对译码性能提高的作用会越来越小，在一定迭代次数后，译码性能不再提高。这时根据分量译码器 2 的输出 LLR 经过解交织后再进行硬判决即得到译码输出。

## 3. 交织器

交织器在 Turbo 码编译码过程中起到关键性作用。在编码端，它使得两个 RSC 子码以较大的概率获得很大的码间距离。交织器将一帧的输入信息比特顺序写入，再按预先定义的地址顺序把整帧数据读出，使得较之前后的序列相关性减小。交织器大致可分为分组交织器（块交织器）和随机交织器[51]。

具体来说，交织器的作用体现在两个方面：①从码重层次（空间离散）看，交织器增大了校验码重，尤其是改善了低码重输入信息序列的输出校验

码重，从而提高了最小自由距离，使得 Turbo 码的码重分布谱更加集中和锐化，即码重分布主要集中于中等码重的码字，而小码重和大码重的码字数目都明显减少，所以增强了纠错能力；②从相关性层次（时间离散）分析，它降低了输入和输出信息序列的相关性，使得邻近信息码元的校验位（自相关性）和相同码元在不同编码支路的校验位（互相关性）同时被噪声淹没的可能性都大大降低，从而增强了抵御长时间突发噪声的能力（尤其在瑞利信道），同时也有利于接收端的分析和接收，使得经过反馈解码后同一个约束长度内（卷积码）或同一个分组内（循环码）出现多个连续误码的可能性大为削弱[52]。

### 4．译码算法

Turbo 码的译码算法主要有最大后验概率（MAP）算法和软输出维特比译码算法(SOVA)。两者的共同点都是利用软输出进行迭代译码。MAP 是最优的译码算法，但其缺点是具有较大的运算复杂度和需较大的存储空间；SOVA 的译码性能虽不如 MAP，但其运算复杂度较低，有利于硬件的实现。

在最初提出 Turbo 码时所采用的译码算法是最大后验概率算法，也叫做修正的 Bahl 算法。MAP 算法采用对数似然比函数，即后验概率比值的绝对值作为其软判决的输出。对于比特 $u_k$，其后验概率表示为 $P_r\{u_k=i/Y\}$，$i=0$，1，软判决输出可表示为

$$\Lambda(u_k)=\lg(P\{u_k=1/Y\}/P\{u_k=0/Y\})$$

式中：$u_k$ 为信息序列；$R$ 为观察序列。

若 $\Lambda(u_k)>1$，则判发 $u_k=1$；反之，则判发 $u_k=0$。

对于卷积码，Viterbi 算法是最优的最大似然译码方法，译码输出为卷积码的最优估计序列。但对属于级联卷积码的 Turbo 码而言，传统的 Viterbi 算法存在两个缺陷：首先，一个分量译码器输出中存在的突发错误会影响另一个分量译码器的译码性能，从而使级联码的性能下降；其次，无论是软判决 Viterbi 算法还是硬判决 Viterbi 算法，其译码输出均为硬判决信息，若一个分量码采用 Viterbi 算法译码，则另一个分量译码器只能以硬判决结果作为输入，无法实现软判决译码，从而性能会有所下降。因此，如果 Viterbi 译码器能够提供软信息输出，则可以弥补上述两个缺陷，并且可以通过在分量译码器之间软信息的交换使级联码的性能大大提高。为此，需要在传统的 Viterbi 算法上进行修正，使之提供软信息输出，相应的算法称为软输出维特比译码算法。

## 4.1.2 DVB-RCS 标准中的 Turbo 编解码

### 1. DVB-RCS 标准

数字视频广播（Digital Video Broadcasting，DVB）项目于 1993 年由欧洲电信标准协会（ETSI）建立，意在规范数字电视服务。DVB 最初的标准是数字电视的卫星传播，称为 DVB-S，使用缩短的 RS 码（204，108）字节作为外码与作为内码的约束长度为 7 码率由 1/2～7/8 的卷积码进行级联。通过卫星传输电视内容的基础设施也同样可以服务于互联网和数据传输。DVB-S 仅仅提供一个下行链路，上行链路仍然需要诸如网页浏览的交互应用才能实现，不过上行链路和下行链路并不需要具有对称性，因为很多的互联网服务需要更快的下行链路[53]。

一种上行链路的选择就是采用电话调制解调，但是无法做到永远在线服务（always-on service），数据传输速率也有限，远距离条件下费用也是相当高。另一个更吸引人的选择是将用于接收下行链路信号的天线又作为用户发送回传信号到上行链路的设备，使用卫星回传信道也同时可以保证 QoS，这就形成了 DVB-RCS（Digital Video Broadcasting-Return Channel via Satellite）。DVB-RCS 是第一个为数字电视基于卫星信道的交互式应用而定义的行业标准，并有可能成为全球标准，提供了标准的宽带交互式应用。采用 DVB 广播和多频-时分多址（MF-TDMA）多点回传的工作方式，中心站和远端的终端站以非对称的前向和回传链路速率实现双向通信。DVB 网络结构如图 4.4 所示[54]。

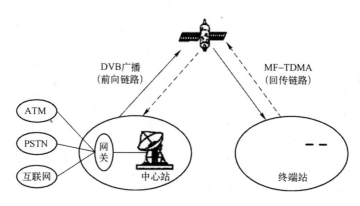

图 4.4　DVB 网络结构

DVB-RCS 是以卫星线路为物理传输媒介的接入技术标准，定义了卫星终端的 MAC 层和物理层。RCS 支持基于 DVB、IP 和 ATM 的连接，与具体应用无关，因此可承载多种业务。成熟的 RCS 终端可以用同一个网关和不同类型的网络互联。DVB-RCS 的一些关键技术和需要解决的问题如下：

（1）链路传输技术。DVB 是 MPEG-2 的拓展，是一套关于视音频压缩、编码、复用的标准。DVB-S 是以卫星为传输媒介的信道编码和调制以及其他网络接口的标准，每秒能传输几十兆字节的数据。

（2）多址接入技术。回传信道用 MF-TDMA 多址接入技术。优势在于载波频率和分配带宽都可灵活适应多变的多媒体传输要求，回传载波速率工作在 64Kb/s～2Mb/s，并可用多个载波组合提高回波速度。

（3）调制技术。一般采用 QPSK 调制技术。若想获得更高的信息速率，可采用大量星座图的 QAM 或 PSK 技术。

（4）高频技术。为大量用户提供兆比特级的数据服务，DVB-RCS 须使用频谱有效性更好的 Ku 和 Ka 频段，但会有很大的降雨衰减，因此要求 RCS 具有一定的上行功率控制能力。另外，还要用超大口径卫星天线，并提高转发器发送功率。

（5）星路链路（Inter-Satellite Links，ISL）技术。实现全球通信，需要多颗卫星配合。在相邻卫星间采用 ISL 技术，可避免信息通过地面站再转发到另一颗卫星，减少了地面站的参与。

（6）同步技术。有载波同步、码元同步和帧同步等几种。高速卫星通信对时间分辨率和捕捉能力的要求极高，需设计相应的同步算法以提高同步精度、降低复杂度。

（7）信道编码和交织技术。在较差信道条件下实现高速数据传输，要有高效率的信道编译码和交织技术，以满足各类业务对 QoS 的要求。

本节主要考虑第（7）点并结合 QPSK 调制技术以实现 DVB-RCS 在平流层的应用。

## 2. DVB-RCS 标准下 Turbo 码编码器结构与算法

DVB-RCS 标准提供了串行级联码方案（外码为 RS 码、内码为卷积码）、Turbo 码方案（选用双二元 CRSC Turbo 码）两套独立的信道编码方案。Turbo

码与串行级联码相比，具有更优良的性能及允许更灵活的分组长度和码率，而且由于采用 CRSC Turbo 码，因此具有更高的编码效率。双二进制在相同复杂度下纠错性能比单二进制要优，循环递归系统卷积的并行级联结构比分块结构要好。

双二进制 Turbo 码与传统 Turbo 码（使用单二进制递归系统卷积码）相比，具有很多优点[55]：①通过减少成员译码器间的相关影响来提高性能；②在符号间引入周期性紊乱来增加最小自由距离（传统的 Turbo 码中存在一个错误平底，但在双二进制 Turbo 码中不存在）；③通过删余矩阵可以增加码率和数据率，删余矩阵对二进制码的影响比单二进制码影响小。

图 4.5 为 DVB-RCS 标准下 Turbo 码的双二元循环递归系统卷积编码器。

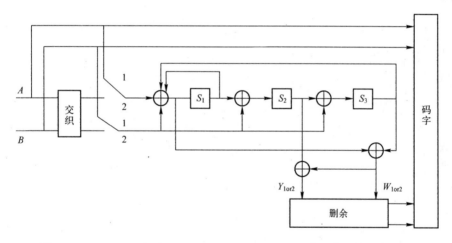

图 4.5　DVB-RCS 标准下 Turbo 码的双二元循环递归系统卷积编码器

该编码器输出的是 CRSC Turbo 码，它的分量编码器采用循环递归系统卷积码（CRSC），它不需要"收尾比特"可使每个分组具有相同的起始状态和终止状态，这个相同的状态称为循环状态。普通 Turbo 码的迭代译码算法仍然适用 CRSC Turbo 码，但译码网格图是环形的。CRSC 编码器需要预编码和实际编码两个步骤。预编码的起始状态矢量 $S_0^0$ 为全零状态，即 $S_0^0 = (S_1, S_2, S_3) = (0, 0, 0)$。假设分组长度为 $N$，则经过 $N$ 个编码步骤后，编码器终止状态为 $S_N^0$。在进行实际编码时，取起始状态 $S_0^1 = (I + \boldsymbol{G}^N)^{-1} S_N^0 = S_c$（其中，矩阵 $\boldsymbol{G}$ 是由 CRSC 编码器的连接方式决定；$S_c$ 为循环状态），则可以证明[56]：经过 $N$

61

个编码步骤后，编码器的状态 $S_N^1 = S_0^1 = S_c$。CRSC 译码器需要预译码和实际译码两个步骤。预译码需要若干个译码步骤来估计出当前分组的循环状态 $S_c$（如果编码器记忆长度为 $k$，则近似需要 $k$ 个译码步骤）。实际译码取 $S_c$ 为起始状态和终止状态进行译码[57]。

DVB-RCS 中的 Turbo 码编码器将 ATM 信元（53B）或 MPEG-2 传输数据包（188B）转换成双比特码元序列，以 $N$ 个双比特为一组进行编码，$N$ 就是交织器的交织长度。CRSC 编码器是 Turbo 码编码器的核心，其具体参数[56]：①反馈分支连接多项式 $1+D+D^3$；②产生校验比特 $Y$ 的连接多项式 $1+D^2+D^3$；③产生校验比特 $W$ 的连接多项式 $1+D^3$。编码过程包括 3 个步骤：①输入的双比特码元$(A,B)$直接输出，形成 Turbo 码的系统部分；②$N$ 组双比特码以自然顺序送入 CRSC 编码器（开关置 1），形成 $N$ 对校验比特$(W_1,Y_1)$；③$N$ 组双比特码先送入交织器经过交织再进行 CRSC 编码（开关置 2），形成另一个 $N$ 对校验比特$(W_2,Y_2)$。校验比特通过删余处理来调整输出码率，并和系统部分复合形成 Turbo 码码字。

CRSC Turbo 码以交织长度 $N$ 为一个分组进行编码，一个分组包含 $N$ 个双比特码组，即 $2N$ 个比特。$N$ 组双比特码首先以自然顺序送入 CRSC 进行预编码形成循环编码 $S_{c1}$，经交织送入 CRSC 进行预编码形成循环状态 $S_{c2}$。经预编码后，循环状态 $S_{c1}$、$S_{c2}$ 可用查表得到，即 $S_N^0 \rightarrow S_c$ 的转换通过查表实现。交织器的长度 $N$ 取 4 的倍数，DVB-RCS 定义了 12 种交织长度（48、64、212、220、228、424、432、440、848、856、864、752），其中对于 ATM 信元 $N=212$，对于 MPEG-2 数据包 $N=752$。DVB-RCS 定义了两级交织策略：第一级，如果 $j \bmod 2=0$，$(A,B) \rightarrow (B,A)$（$j=0$，1，…，$N-1$；$j$ 为交织器输入的双比特码的顺序）；第二级，定义 $j$、$i$ 分别为交织器的输入、输出顺序，$P_0$、$P_1$、$P_2$、$P_3$ 为交织参数，则 $i=(P_0 \cdot j+P+1) \bmod N$，其中 $P$ 由表 4.1 决定，$P_0$、$P_1$、$P_2$、$P_3$ 的值取决于 $N$，表 4.2 给出它们之间的对应关系。

表 4.1  $P$ 的取值

| $J \bmod 4$ | $P$ |
| --- | --- |
| 0 | 0 |
| 1 | $N/2+P_1$ |
| 2 | $P_2$ |

表 4.2　$P_0$、$P_1$、$P_2$、$P_3$ 与 $N$ 的关系

| $N$ | $P_0$ | $P_1$ | $P_2$ | $P_3$ |
|---|---|---|---|---|
| 48 (12Byte) | 11 | 24 | 0 | 24 |
| 64 (64Byte) | 7 | 34 | 32 | 2 |
| 212 (53Byte) | 13 | 106 | 108 | 2 |
| 220 (55Byte) | 23 | 112 | 4 | 116 |
| 228 (57Byte) | 17 | 116 | 72 | 188 |
| 424 (106Byte) | 11 | 6 | 8 | 2 |
| 432 (108Byte) | 13 | 0 | 4 | 8 |
| 440 (110Byte) | 13 | 10 | 4 | 2 |
| 848 (212Byte) | 19 | 2 | 16 | 6 |
| 856 (214Byte) | 19 | 428 | 224 | 652 |
| 864 (216Byte) | 19 | 2 | 16 | 6 |
| 752 (188Byte) | 19 | 376 | 224 | 600 |

DVB-RCS 为 Turbo 码定义了 7 种码率（1/3、2/5、1/2、2/3、3/4、4/5、6/7），不同码率的获得是通过对校验比特经过删余处理形成的，其中 $R$=1/3 是没经过删余处理的码率，因为编码器每输入 2bit，将形成 2 个系统比特、4 个校验比特。删余处理可以用删余矩阵来描述。码率 $R$=2/5 的删余矩阵为

$$P = \begin{bmatrix} 1 & 1 \\ 1 & 0 \end{bmatrix}$$

删余矩阵的每一列对应一组编码形成的校验比特$(Y,W)$，列数对应删余周期。当 $p_{ij}$=1 时，对应的检验比特传送出去；当 $p_{ij}$=0 时，对应的检验比特被删除。因此，输出码率（以一个删余周期为单位计算）$R = 4/(4+3+3) = 2/5$，系统部分不参与删余处理。双二元系统卷积码的删余矩阵对应于码率的模式如图 4.6 所示。

$$1/3 \ \ \begin{matrix} Y \\ W \end{matrix}\begin{bmatrix} 11111111 \\ 11111111 \end{bmatrix}, \quad 2/5 \ \ \begin{matrix} Y \\ W \end{matrix}\begin{bmatrix} 11111111 \\ 10101010 \end{bmatrix}, \quad 1/2 \ \ \begin{matrix} Y \\ W \end{matrix}\begin{bmatrix} 11111111 \\ 00000000 \end{bmatrix}, \quad 2/3 \ \ \begin{matrix} Y \\ W \end{matrix}\begin{bmatrix} 10101010 \\ 00000000 \end{bmatrix}$$

$$3/4 \ \ \begin{matrix} Y \\ W \end{matrix}\begin{bmatrix} 10010010 \\ 00000000 \end{bmatrix}, \quad 4/5 \ \ \begin{matrix} Y \\ W \end{matrix}\begin{bmatrix} 10001000 \\ 00000000 \end{bmatrix}, \quad 6/7 \ \ \begin{matrix} Y \\ W \end{matrix}\begin{bmatrix} 10000010 \\ 00000000 \end{bmatrix}$$

图 4.6　双二元系统卷积码的删余矩阵与码率的关系

当 $R>1/2$ 时，第二个校验位 $W$ 被删除，码率为 1/3、2/5、1/2、2/3、4/5 和块大小是相互独立的；码率为 3/4、6/7 只有当 $N$ 是 3 的倍数时才成立。

### 3. DVB-RCS 标准下 Turbo 码的 QPSK 调制[58]

DVB-RCS 采用 QPSK 调制，每一对系统比特 $(A,B)$ 或校验比特 $(Y_1,Y_2)$，$(W_1,W_2)$ 对应一个调制符号。在交织形成的编码数据帧里，编码数据的自然传输顺序是先传输 $N$ 对 $(A,B)$，其次传输 $(Y_1,Y_2)$，$(W_1,W_2)$；另外一个顺序是先传输 $(Y_1,Y_2)$，再传输 $(W_1,W_2)$，最后传输 $(A,B)$。自然顺序下的编码块如图 4.7 所示。

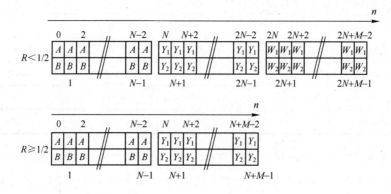

图 4.7　自然顺序下的编码块

每对比特映射到 QPSK 星座图如图 4.8 所示。

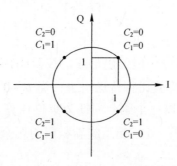

图 4.8　每对比特映射到 QPSK 星座图

在自然顺序的编码块图形中，$A$ 符号行映射到 QPSK 星座图的 I 道上（图中 $C_1$ 处）。信号调制要用到基带成形（Baseband Shaping），经过编码后需要处理的过程如图 4.9 所示。

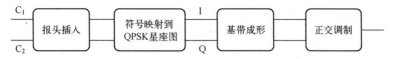

图 4.9 编码后码字在信道中的处理

格雷编码的 QPSK 调制需要绝对映射（没有差异的编码），I 和 Q 道上在归一化因子作用下，相对应的每符号的平均能量是 1。信道编码的输出 $C_1$ 要映射到调制的 I 信道上，而 $C_2$ 则映射到调制的 Q 信道上。

**4. DVB-RCS 标准下 Turbo 码解码器结构和算法**

根据迭代解码算法，DVB-RCS 标准下 Turbo 码解码器的结构如图 4.10 所示。

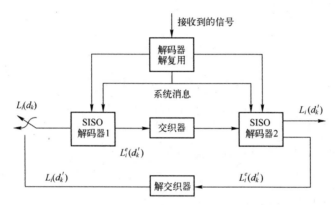

图 4.10　DVB-RCS 标准下 Turbo 码解码器的结构

图中，系统消息信息符号的信道值 $d_k \in \{00,01,10,11\}$，$L_i(d_k')$ 是对数似然比，而 $L_i^e(d_k')$ 是外部信息。

双二元反馈卷积编码的网格结构如图 4.11 所示。

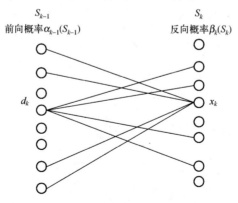

图 4.11　双二元反馈卷积编码的网格结构

$S_k$ 为 $k$ 时刻的编码状态，$d_k$ 为从 $k-1$ 时刻到 $k$ 时刻的过渡，MAP 算法的目的是求解如下的信息比特后验对数似然比（其中 $y_k$ 是信道软输出值）：

$$L_i(d_k) = \ln \frac{P_r[d_k = i \mid y]}{P_r[d_k = 0 \mid y]} = \ln \frac{\sum\limits_{d_k=i}^{(S_{k-1},S_k)} p(S_{k-1}, S_k, y_k)}{\sum\limits_{d_k=0}^{(S_{k-1},S_k)} p(S_{k-1}, S_k, y_k)} \quad (i=1,2,3) \quad (4\text{-}2)$$

$(S_{k-1}, S_k)$ 决定了信息符号 $d_k$ 和编码符号 $x_k$，$d_k$ 的取值集合为 $\{0,1,2,3\}$。根据式（4-2）计算得到的 $L_i(d_k)$ 可得信息序列 $d_k$ 的硬判结果，具体硬判法则如下：

$$d_k=\{0,0\} \quad (L_1(d_k)<0 \& L_2(d_k)<0 \& L_3(d_k)<0)$$
$$d_k=\{0,1\} \quad (L_1(d_k)> L_2(d_k) \& L_1(d_k)> L_3(d_k))$$
$$d_k=\{1,0\} \quad (L_2(d_k)> L_1(d_k) \& L_2(d_k)> L_3(d_k))$$
$$d_k=\{1,1\} \quad （其他）$$

$$p(S_{k-1}, S_k, y_k) = p(S_{k-1}, y_j < k) \cdot p(S_k, y_k \mid S_{k-1}) \cdot p(y_j > k \mid S_k)$$
$$= \underbrace{p(S_{k-1}, y_j < k)} \cdot \underbrace{p(S_k \mid S_{k-1}) \cdot p(y_k \mid S_{k-1}, S_k)} \cdot \underbrace{p(y_j > k \mid S_k)}$$
$$= \partial_{k-1}(S_{k-1}) \cdot \gamma_k(S_{k-1}, S_k)\beta_k(S_k) \quad (4\text{-}3)$$

这里，$y_j<k$ 表示收到的符号序列 $y_j$ 从网格开始处上升到 $k-1$ 时刻，而 $y_j>k$ 表示相应的序列从 $k+1$ 时刻到网格结束。MAP 算法的前向状态为

$$\partial_k(S_k) = \sum_{S_{k-1}} \gamma_k(S_{k-1}, S_k)\partial_{k-1}(S_{k-1})$$

后向状态为 $\beta_{k-1}(S_{k-1}) = \sum\limits_{S_k} \gamma_k(S_{k-1}, S_k)\beta_k(S_k)$

式中：$\gamma_k(S_{k-1}, S_k) = p(S_k \mid S_{k-1}) \cdot p(y_k \mid S_{k-1}, S_k) = p(y_k \mid d_k)p(d_k)$。

分支转移概率的自然对数为

$$\overline{\gamma}(S_{k-1}, S_k) = \ln \gamma_k(S_{k-1} \mid S_k)$$

$\partial_k(S_k)$ 和 $\beta_k(S_k)$ 自然对数分别为

$$\overline{\alpha_k}(S_k) = \ln \alpha_k(S_k) = \ln \sum_{S_k} e^{\overline{\gamma_k}(S_{k-1}, S_k)} \cdot e^{\overline{\partial_{k-1}}(S_{k-1})}$$

$$\overline{\beta_{k-1}}(S_{k-1}) = \ln \beta_{k-1}(S_{k-1}) = \ln \sum_{S_k} e^{\overline{\gamma_k}(S_{k-1}, S_k)} \cdot e^{\overline{\beta_k}(S_k)}$$

综上所述，可得

$$L_i(d_k) = \ln \frac{\sum\limits_{\substack{d_k=i}}^{(S_{k-1}, S_k)} \gamma_k^i(S_{k-1}, S_k) \alpha_{k-1}(S_{k-1}) \beta_k(S_k)}{\sum\limits_{\substack{d_k=0}}^{(S_{k-1}, S_k)} \gamma_k^0(S_{k-1}, S_k) \alpha_{k-1}(S_{k-1}) \beta_k(S_k)} = \ln \frac{\sum\limits_{\substack{d_k=i}}^{(S_{k-1}, S_k)} e^{\overline{\gamma_k^i}(S_{k-1}, S_k)} \cdot e^{\overline{\alpha_{k-1}}(S_{k-1})} \cdot e^{\overline{\beta_k}(S_k)}}{\sum\limits_{\substack{d_k=0}}^{(S_{k-1}, S_k)} e^{\overline{\gamma_k^0}(S_{k-1}, S_k)} e^{\overline{\alpha_{k-1}}(S_{k-1})} \cdot e^{\overline{\beta_k}(S_k)}}$$

$$(4\text{-}4)$$

通过以上分析，可得出 DVB-RCS 标准下 Turbo 码在平流层信道中完整的信道编解码结构，如图 4.12 所示。

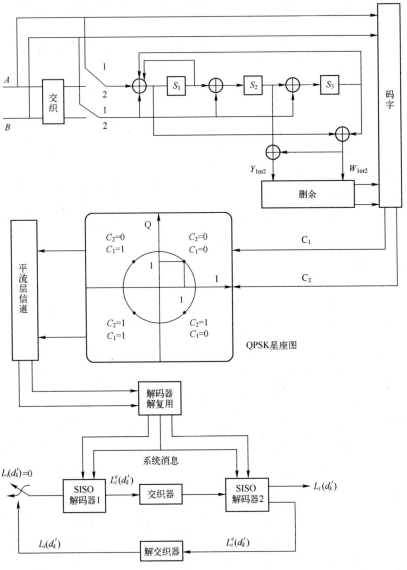

图 4.12　DVB-RCS 标准下 Turbo 码在平流层信道中完整的信道编解码结构

### 4.1.3  DVB–RCS 标准下 Turbo 码增强平流层通信可靠性分析

Iterative Solutions 致力于通过软件高效而准确地模拟现代通信系统，本书利用其中的编码调制库（Coded Modulation Library，CML），结合平流层信道特征和 DVB-RCS 标准实现性能仿真，并进行评估。

仿真程序分别对不同的交织深度、交织长度，不同码率的 Turbo 码在高斯白噪声信道及瑞利衰落信道下，采用 QPSK 调制时的性能进行了对比分析。

#### 1．交织深度对 Turbo 码性能的影响

平流层信道符合瑞利衰落时，ATM 信元长度为 53Byte，Turbo 码率为 1/2，采用 QPSK 调制，交织深度分别为 0、10、100、1000、10000 时的仿真结果如图 4.13 所示。

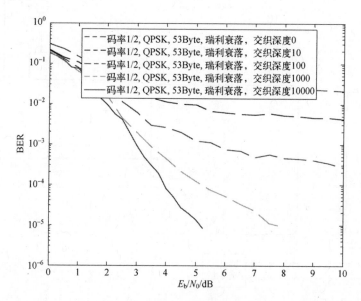

图 4.13  码率为 1/2、QPSK、53Byte、瑞利衰落时交织深度的影响（见彩图）

由图 4.13 可知：交织深度越大，Turbo 码性能越好，但是随着交织器的增大，帧长越长，译码的复杂程度也随之增加，编码时延、传输时延、译码时延越大。因此，在实际利用时，必须针对不同信噪比设定不同的交织深度，这样既能保证该编码方案无误码传输的优越性，又能相对地降低译码时延。

## 2. 不同交织长度的影响

图 4.14 是平流层信道符合 AWGN 衰落时，Turbo 码率为 1/3，调制类型为 QPSK，最大迭代次数为 10，交织长度 $N$ 分别为 48、64、212、220、228、424、432 时信噪比与误码率的关系曲线。从图 4.14 可以看出：在相同码率下和误码率时，交织长度越大，其所需信噪比就越小。图 4.15 是平流层信道符合瑞利衰落时，Turbo 码率为 1/3，交织长度 $N$ 分别为 48、64 和 212，调制类型为 QPSK 时的仿真图，图形走势和 AWGN 衰落下的趋势是一致的；但由于瑞利衰落是深度衰落，所以在相同误码率时，所需的信噪比要比 AWGN 信道下更大一些，相差大约 2dB。

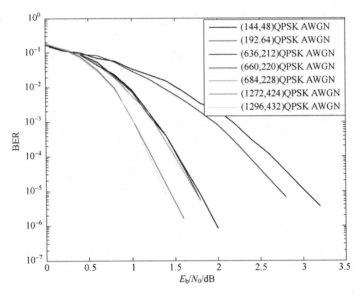

图 4.14　码率为 1/3，最大迭代次数为 10，AWGN 信道下不同交织长度的影响（见彩图）

## 3. 信道容量

平流层信道符合瑞利衰落时，采用 QPSK 调制，图 4.16 给出了信道容量与信噪比的曲线。当信噪比较小时，信道容量随信噪比的增加而增大，当信噪比到达一定值时，信道容量基本不再发生变化。从图 4.16 可见，当信噪比 $E_b/N_0$ 约为 6.5dB 时，信道容量达到最大；同时也意味着，当信噪比大于 6.5dB 时，通过增大信噪比的方法来增加信道容量是没有意义的。

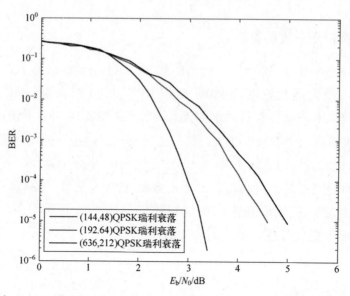

图 4.15　码率为 1/3，最大迭代次数为 10，瑞利信道下不同交织长度的影响（见彩图）

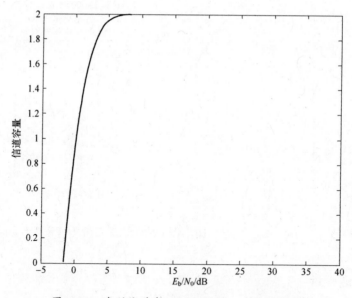

图 4.16　瑞利信道中 QPSK 调制下的信道容量

## 4．不同码率的影响

图 4.17 是平流层信道符合 AWGN 衰落时，ATM 码元（53Byte，$N$=212）在 QPSK 调制下，DVB-RCS Turbo 码的码率分别为 1/3、2/5、1/2、2/3、3/4、4/5、6/7 时的误码率（BER）性能曲线。由图 4.17 可见，在相同误码率下，

码率越小，所需信噪比越小。

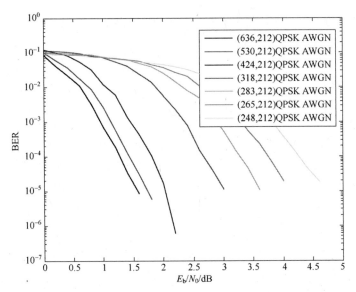

图 4.17　ATM 信元，AWGN 信道，QPSK 调制下 DVB-RCS Turbo 码不同码率的影响（见彩图）

　　图 4.18 是平流层信道符合瑞利衰落时，ATM 码元（53Byte，$N=212$）在 QPSK 调制下，DVB-RCS Turbo 码的码率分别为 1/3、2/5 时的误码率性能曲线。其结论与 AWGN 信道下是一致的，只是在相同误码率时，所需的信噪比比 AWGN 信道下要大 2dB。

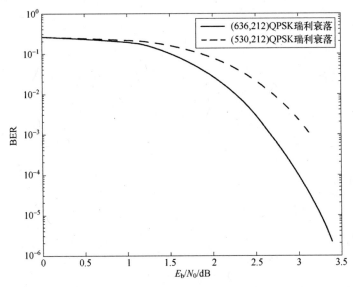

图 4.18　ATM 信元，瑞利信道，QPSK 调制下 DVB-RCS Turbo 码不同码率的影响

## 4.2 基于DVB-S2标准的LDPC码增强平流层通信可靠性技术

### 4.2.1 LDPC码概述

1962年，Gallager发明了低密度奇偶校验（Low-Density Parity Check，LDPC）码，它是一种基于稀疏校验矩阵和迭代概率译码的信道编码方法，在AWGN信道中具有接近香农极限的性能[59]。由于LDPC码的优越性能，欧洲卫星通信标准DVB-S2已经采纳LDPC码作为高速数据传输的前向纠错码[60]。

GF(2)域上的LDPC码是一种$(n,k)$线性分组码，码长为$n$，信息序列长度为$k$，可由其校验矩阵$H$唯一定义。LDPC校验矩阵是一种稀疏矩阵，即矩阵中非零元素的个数远远小于零元素的个数，或者矩阵的行重和列重与码长相比是很小的数。正是由于校验矩阵是低密度矩阵，才能够构造出具有低复杂度、高性能的LDPC码[61]。

如果校验矩阵的各行中非零元素的个数是相同的，各列中非零元素的个数也是相同的，这样的LDPC码就称为规则码。如果校验矩阵的各行或各列中非零元素的个数是不同的，此时LDPC码就称为非规则码。规则码和非规则码各有优势，良好设计的非规则码的纠错性能优于规则码，但是规则码在硬件实现方面比非规则码简单，且码长较短的非规则码码字距离过小的可能性较大。非规则多进制LDPC码的性能优于其他相同码率下已知的二进制LDPC码和Turbo码，其性能提高的同时也要付出更高的编译码复杂度。LDPC码的编码复杂度与LDPC码码长的二次方成正比，这在码长较长时是难以接受的，但校验矩阵的稀疏性使得LDPC码的编码成为可能。

除了用校验矩阵表示LDPC码以外，还可以用双向的图模型表示LDPC码，其中Tanner图表示是比较方便的一种，可以形象地刻画LDPC码的编译码特性。LDPC码的校验矩阵和Tanner图是等价的，对应的是一个LDPC码。图4.19为（10,3,6）规则LDPC码的Tanner图。

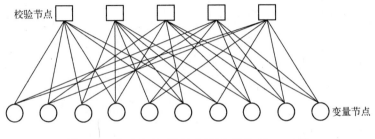

校验节点

变量节点

图 4.19　（10,3,6）规则 LDPC 码的 Tanner 图

## 4.2.2　LDPC 码基本原理

### 4.2.2.1　LDPC 码校验矩阵构造

根据构造方式的不同，校验矩阵主要分为随机校验矩阵和结构化校验矩阵[62]。

#### 1．校验矩阵的随机构造

1）Gallager 构造法

Gallager 构造的 LDPC 码校验矩阵 $H$ 的列重和行重固定，且列重 $d_v \geqslant 3$；$H$ 中的元素随机生成，行重和列重均匀分布；矩阵按行划分成 $d_v$ 个水平子矩阵，子矩阵中每列只有 $l$ 个"1"，每一个子矩阵中第 $i$ 行只有从第 $(i-1)d_c+1$ 列到第 $id_c$ 列的元素为"1"，其余子矩阵是第一个子矩阵的随机列变换；该类码的码集合是由 $H$ 中下面 $d_v-1$ 个子矩阵的列等概率随机排列所得的码集合。Gallager 证明了以下结论：给定列重 $d_v$，对足够低的信噪比和足够长的码长，最佳译码器的错误概率随码长指数下降；码的最小距离随码长线性增加。

2）Mackay 构造法

Mackay 构造的校验矩阵，使其对应的 Tanner 图中循环的数目最少，同时引入列重为 2 的列（这有利于译码，但会引入低重码字）。

Mackay 描述了四种关系密切的矩阵的构造方法，得到的矩阵去掉了长度为 4 的短循环。四种构造方法依次如下：

（1）构造 1A：$M \times N$ 矩阵 $H$ 随机构造，列重 $t$（如 $t=3$）固定，行重 $t_r$ 在每行中均匀分布，而且两列间不存在周期为 4 的环。这是基本的构造法。

（2）构造 2A：矩阵 $H$ 中，$M/2$ 列的列重为 2，这些列重为 2 的列由两个

($M$/2)×($M$/2)的单位矩阵上下叠放构成。

（3）构造 1B，2B：删除 1$A$ 和 2$A$ 中的某些列，使得矩阵的 Tanner 图中没有周长为某个长度 $l$（如 $l$=6）的短循环。

3）比特填充及扩展的比特填充法

一个图中的最小循环长度即是它的 girth。girth 的重要性体现在使用和乘积译码算法对 LDPC 码进行译码时，算法的独立迭代次数与该码的 Tanner 图的 girth 成比例。假如给出正整数 $a$、$b$、$g$ 和 $m$，其中 $g$ 是偶数。人们感兴趣的是构造一个具有最大可能速率（最大可能的列数目 $n$）的 $m×n$ 奇偶校验矩阵 $H$，使得 $H$ 的每一列都严格地有 $a$ 个 1，每一行最多有 $b$ 个 1，并且 $G(H)$ 的 girth 等于 $g$。比特填充正是这样一种解决问题的方法，主要应用于两种情况：一是固定速率，高 girth；二是固定 girth，固定码长，高速率。另外，经过适当的改造，比特填充也可以构造非规则码。

扩展的比特填充算法的大部分内容与比特填充算法是一致的，同样是在保持预先确定的 girth 值的条件下，在图中一个一个地填充比特。但为了更具普遍意义，扩展算法中的各比特节点度数不再是同一数值，而是明确为一个集合 $\{a_1, a_2, \cdots, a_N\}$，这样既可以构造近似规则的码，也可以构造非规则码。而最大的不同点在于：在整个算法运行过程中，girth 的约束值是变化的。算法开始时使用一个 girth 约束的上限值 $g_{max}$，直到在这一约束值下无法继续填充比特为止，此时将 girth 的约束值减 2，继续填充算法。这一过程持续进行下去直到满足所有需要的 $N$ 个比特填充完毕或 girth 的约束值小于预定的下限值 $g_{min}$。

## 2. 校验矩阵的结构化构造

与随机构造的矩阵相比，结构化矩阵具有确定的结构，循环长度较大，具有循环码或准循环码结构，编码实现简单。主要有以下两种方法：

1）有限几何法

有限几何法构造校验矩阵是基于有限几何中的线和点来进行的，如欧氏几何和投影几何。欧氏几何或投影几何 $G$ 具有 $n$ 个点和 $J$ 条线，满足四个条件：①每条线有 $p$ 个点；②任何两点之间有且只有一条线；③每个点只能落在 $q$ 条线上；④两条线或是平行的或有且只有一个交点。

2）组合设计法

一种称为平衡不完全区组设计（Balanced Incomplete Block Design，BIBD）

的组合设计方法可以用来构造无 girth4 的校验矩阵。

参数为 $v$、$k$、$\lambda$、$r$、$b$ 的 BIBD 定义为一个有序对 $(X,A)$，其中 $X$ 是有 $v$ 个元素的集合，$X$ 被分割为 $b$ 个子集（块），由所有这 $b$ 个子集（块）构成集合 $A$。分割的原则是：每个块中有 $k$ 个点，$X$ 中任意两个点决定 $\lambda$ 个块，$X$ 中任意一点包含在 $r$ 个不同的块中。显然 $bk=vr$，$\lambda(v-1)=r(k-1)$。由于以上两个关系式的存在，$v$、$k$、$\lambda$、$r$、$b$ 中只有 3 个参数是相互独立的，一般使用参数 $v$、$k$、$\lambda$。

#### 4.2.2.2　LDPC 的译码算法

LDPC 码的译码算法可以分为基于硬判决的译码和基于软判决的译码两大类。基于硬判决的译码运算量较小，比较实用。近年来，各种结合软判决结果的硬判决算法在保持低复杂度的情况下使译码性能进一步提高，从而推动了 LDPC 码的实用化。而软判决译码采用了后验概率信息，并通过迭代运算，使得 LDPC 码的性能得以逼近香农限[63-64]。

#### 1. 基于置信度传播（BP）的算法

建立在 Tanner 图上的 LDPC 码，其 BP 译码的每次迭代包括校验节点的处理和变量节点的处理。在每次迭代中，所有校验节点从其相邻的变量节点处接收消息，处理后再传回到相邻的变量节点；然后所有的变量节点进行同样的过程；最后变量节点收集所有可以利用的消息进行判决。在 LDPC 码的译码过程中，每一个校验节点可以看作一个处理器，所有校验节点的处理可以同时进行，因此利用并行结构可以构造高速 LDPC 码的译码器。但是，并行处理硬件电路面积大。

根据消息的表示形式，BP 译码可以分为概率 BP 算法和 LLR BP 算法。概率 BP 算法的消息是用概率形式表示，是 BP 算法的通用形式，可以适用于非二进制的 LDPC 码的译码。对二进制 LDPC 码，消息可以表示为对数似然比形式，相应的译码算法称为 LLR BP 译码。

1）概率 BP 算法

BPSK 调制后每一个码字 $c=(c_1, c_2, \cdots, c_n)$ 映射为传输序列 $x=(x_1, x_2, \cdots, x_n)$，然后 $x$ 通过信道，接收到的序列 $y=(y_1, y_2, \cdots, y_n)$。根据 $y$，译码得到译码序列为 $\hat{c}$。

有关符号的含义[62]：

$r_{ji}(b)$ $(b=0,1)$ 表示校验节点 $j$ 传给变量节点 $i$ 的外部概率信息，即在给定信息位及其他信息位具有独立概率分布条件下，校验方程 $j$ 满足的概率；

$q_{ij}(b)$ 表示变量节点 $i$ 传给校验节点 $j$ 的外部概率信息，即在得到除 $j$ 以外其他所有校验节点和信道的外部信息后，判断变量节点 $c_i = b$ 的概率；

$C(i)$ 表示与变量节点 $i$ 相连的校验节点的集合，$C_i = \{j : h_{ji} = 1\}$；

$R(j)$ 表示与校验节点 $j$ 相连的变量节点的集合，$R_j = \{i : h_{ji} = 1\}$；

$C(i) \backslash j$ 表示除 $j$ 外与变量节点 $i$ 相连的校验节点的集合；

$R(j) \backslash i$ 表示除 $i$ 外与校验节点 $j$ 相连的变量节点的集合；

$c_{kj}$ 表示包含 $c_i$ 的第 $j$ 个校验方程中的第 $k$ 个比特；

$y_{kj}$ 表示对应于 $c_{kj}$ 的接收值；

$p_i(1) = p_r(c_i = 1 | y_i)$ 表示接收到 $y_i$ 后判断发送比特（或变量节点）为 $c_i = 1$ 的后验概率；

$p_{kj} = p_r(c_{kj} = 1 | y_{kj})$ 表示接收到 $y_{kj}$ 后判断包含 $c_i$ 的第 $j$ 个校验方程中的第 $k$ 个比特为 $c_{kj} = 1$ 的后验概率；

$S_i$ 表示 $\hat{c}$ 中的比特满足包含 $c_i$ 的 $d_c$ 个校验方程。

（1）初始化。计算信道传递给变量节点的初始概率 $p_i(1)$，$p_i(0) = 1 - p_i(1)$，$i = 1, 2, \cdots, n$；然后对每一个变量节点 $i$ 和与其相邻的校验节点 $j \in C(i)$，设定变量节点传向校验节点的初始信息

$$q_{ij}^{(0)}(0) = p_i(0) \tag{4-5}$$

$$q_{ij}^{(0)}(1) = p_i(1) \tag{4-6}$$

（2）迭代处理：

① 校验节点消息处理。对所有的校验节点 $j$ 和与其相邻的变量节点 $i \in R(j)$，第 1 次迭代时，计算变量节点传向校验节点的消息

$$r_{ji}^{(l)}(0) = \frac{1}{2} + \frac{1}{2} \prod_{i' \in R_j \backslash i} \left(1 - 2q_{i'j}^{l-1}(1)\right) \tag{4-7}$$

$$r_{ji}^{(l)}(1) = 1 - r_{ji}(0) = \frac{1}{2} - \frac{1}{2} \prod_{i' \in R_j \backslash i} \left(1 - 2q_{i'j}^{l-1}(1)\right) \tag{4-8}$$

② 变量节点消息处理。对所有的节点变量 $i$ 和与其相邻的校验节点 $j \in C(i)$，计算校验节点传向变量节点的消息

$$q_{ij}^l(0) = K_{ij}p_i(0)\prod_{j'\in C_i\backslash j} r_{j'i}^l(0) \tag{4-9}$$

$$q_{ij}^l(1) = K_{ij}p_i(1)\prod_{j'\in C_i\backslash j} r_{j'i}^l(1) \tag{4-10}$$

式中：$K_{ij}$ 为校正因子，使得 $q_{ij}^l(0)+q_{ij}^l(1)=1$。

③ 译码判决。对所有变量节点计算硬判决消息

$$q_i^l(0) = K_ip_i(0)\prod_{j\in C_i} r_{ji}^l(0) \tag{4-11}$$

$$q_i^l(1) = K_ip_i(1)\prod_{j\in C_i} r_{ji}^l(1) \tag{4-12}$$

式中：$K_i$ 为校正因子，使得 $q_i^l(0)+q_i^l(1)=1$。若 $q_i^l(1) > q_i^l(0)$，则 $\hat{c}_i = 1$；否则，$\hat{c}_i = 0$。

（3）停止。若 $\boldsymbol{H}\hat{c}^{\mathrm{T}}=0$ 或者达到最大迭代次数，则结束运算；否则，从步骤①继续迭代。

如果矩阵 $\boldsymbol{H}$ 中不包括循环，则迭代次数趋于无穷时，$Q_i(0)$ 和 $Q_i(1)$ 收敛于 $c_i$ 的后验概率；对于好的 LDPC 码，算法可以检测不正确的码字。

2）LLR BP 算法

如果概率消息用似然比表示，则得到 LLR BP 算法，大量的乘法运算可以变为加法运算，从而减少运算时间。

（1）初始化。计算信道传递给变量节点的初始概率似然比消息 $L(P_i)$，$i=1,2,\cdots,n$；然后对每一个变量节点 $i$ 和与其相邻的校验节点 $j\in C(i)$，设定变量节点传向校验节点的初始消息

$$L^{(0)}(q_{ij}) = L(p_i) \tag{4-13}$$

（2）迭代处理：

① 校验节点消息处理。对所有的校验节点 $j$ 和与其相邻的变量节点 $i\in R(j)$，第 $l$ 次迭代时，计算变量节点传向校验节点的消息

$$\tanh\left(\frac{1}{2}L^{(l)}(r_{ji})\right) = \prod_{i'\in R_j\backslash i}\tanh\left(\frac{1}{2}L^{(l-1)}(q_{i'j})\right) \tag{4-14}$$

或

$$L^{(l)}(r_{ji}) = 2\tanh^{-1}\left(\prod_{i' \in R_j \backslash i} \tanh\left(\frac{1}{2}L^{(l-1)}(q_{i'j})\right)\right) \qquad (4\text{-}15)$$

② 变量节点消息处理。对所有的节点变量 $i$ 和与其相邻的校验节点 $j \in C(i)$，第 $l$ 次迭代时，计算校验节点传向变量节点的消息

$$L^{(l)}(q_{ij}) = L(p_i) + \prod_{j' \in C_i \backslash j} L^{(l)}(r_{j'i}) \qquad (4\text{-}16)$$

③ 译码判决。对所有变量节点计算硬判决消息

$$L^{(l)}(q_i) = L(p_i) + \prod_{j \in C_i} L^{(l)}(r_{ji}) \qquad (4\text{-}17)$$

若 $L^l(q_i) > 0$，则 $\hat{c}_i = 0$；否则，$\hat{c}_i = 1$。

（3）停止。若 $H\hat{c}^{\mathrm{T}} = 0$ 或者达到最大迭代次数，则结束运算；否则，从步骤①继续迭代。

### 2. 加权比特翻转（WBF）算法

比特翻转算法是 Gallager 在提出 LDPC 码时提出的一种译码算法。在传输过程中如果有可检测的错误发生，就会有相应的校验方程不满足，在错误图样 $s = (s_1, s_2, \cdots, s_j)$ 中某些位等于 1。比特翻转算法正是利用了接收序列某些比特翻转与相应的校验失败数目的变化进行译码。

首先，译码器利用式

$$s_j = z \cdot h_j = \sum z_l h_{j,l}, \quad l = 0, 1, \cdots, n-1$$

计算所有的校验和，如果与某些比特相关的失败的校验方程数目超过一定值 $\delta$，则翻转该比特。利用翻转后的新数值重新计算所有的校验和，并重复以上过程直到所有的校验方程都满足为止。参数 $\delta$ 一般称为阈值。该参数的选择应该满足两个原则：一是使错误性能最优化；二是使译码过程中计算校验和的次数最小化。$\delta$ 值依赖于码的列重、行重、最小码距以及信噪比。

如果 $\delta$ 取某一值时译码失败，那么可以减小 $\delta$ 值，从而进行更多的循环迭代。如果接收序列错误数目小于或等于码字的纠错能力，那么经过极少次迭代译码就可完成；否则，就需要更多次的迭代。当然，迭代次数要设置一个上限，以避免过多的运算量。由于 LDPC 码的良好性能，这一算法可以纠正很多超过码字纠错能力的错误图样。

比特翻转算法可以看作最简单的加权比特翻转算法，比特的权重只包括所对应的校验方程满足与否。加权比特翻转算法具有与硬判决译码相同数量级的运算量，而同时利用了接收符号序列的某些可靠性信息，可以获得比简单硬判决译码更好的性能，对于校验矩阵具有较大行重（列重）的 LDPC 码尤其有效，如有限几何码。

### 4.2.2.3 LDPC 的密度进化[62]

利用 BP 算法对 LDPC 码译码时，消息迭代修正的目的是使消息向正确的方向集中。Gallager 在研究 BSC 信道下 $(3, k)$ 规则码硬判决译码算法的性能时发现消息的变化存在"门限现象"。如果 BSC 信道的转移概率为 $p_0$，第 $l$ 次迭代时的比特错误概率为 $p_i$，则第 $l+1$ 次迭代时的比特错误率为

$$p_{i+1} = p_0 - p_0[(1 + (1 - 2p_i)^{k-1})/2]^2 + (1 - p_0)[(1 - (1 - 2p_i)^{k-1})/2]^2 \quad (4\text{-}18)$$

而且，信道参数 $p_0$ 存在一个阈值 $p_0^*$，当 $p_0 < p_0^*$ 时，随着迭代次数的增加，错误概率可以减小到任意小，当 $p_0 > p_0^*$ 时，算法不收敛。

Richardson 等人基于 Gallager 的思想引入了密度进化的概念，定义了 BP 译码时 LDPC 码的容量，系统地建立了无环图的 BP 译码的密度进化理论，从而可以分析 LDPC 码的渐进性能，设计优化码的度数分布。

#### 1. 连续密度进化

BP 算法的密度进化过程如下：

（1）初始消息密度。计算信道初始 LLR 消息的密度 $p^{(0)}$，$l = 0$ 时变量消息密度为 $p^{(0)}$。

（2）迭代过程：

① 第 $l$ 次迭代校验消息密度。LLR 变量消息空间密度 $p^{(l-1)} \rightarrow \mathrm{GF}(2) \times [0, \infty)$ 空间变量消息密度 $p_Y^{(l-1)} \rightarrow \mathrm{GF}(2) \times [0, \infty)$ 空间校验消息密度 $R_Y^{(l)} \rightarrow \mathrm{LLR}$ 校验消息空间密度 $Q^{(l)}$。

② 第 $l$ 次迭代变量消息密度为

$$p^{(l)} = F^{-1}\left\{ F[p^{(0)}] \cdot (F[Q^{(l)}])^{d_v - 1} \right\} \quad (4\text{-}19)$$

（3）错误概率为

$$p_{\mathrm{e}}^{(l)} = \int_{-\infty}^{0} p^{(l)}(v)\mathrm{d}v \quad (4\text{-}20)$$

**2．高斯近似**

针对无记忆的二进制输入连续输出的 AWGN 信道，对采用和乘积译码的 LDPC 码介绍一种简化的方法估计码的极限和设计好码的度数分布，将多维校验消息和变量消息的密度进化简化为一维的均值的进化，大大降低了计算量，称为高斯近似。

1）规则码的高斯近似

规则码在 AWGN 信道下的高斯近似总结如下：

（1）初始化。初始变量节点消息的均值为 $m_0 = m_v^{(0)} = 2/\delta^2$。

（2）第 $l$ 次迭代时校验消息均值进化。

计算校验消息均值：

$$m_u^{(l)} = \Phi^{-1}\{1 - [1 - \Phi(m_v^{(l-1)})]^{d_c - 1}\}$$

（3）第 $l$ 次迭代时变量消息均值进化。

计算变量消息均值：

$$m_v^{(l)} = m_0 + (d_v - 1)m_u^{(l)}$$

（4）计算错误概率。根据第 $l$ 次迭代量化消息的分布 $p_v^{(l)} = N(m_v^{(l)}, 2m_v^{(l)})$，得到错误概率为

$$p_e^{(l)} = \int_{-\infty}^{0} p_v^{(l)} \mathrm{d}v \qquad (4\text{-}21)$$

2）非规则码的高斯近似

非规则码在 AWGN 信道下的高斯近似总结如下：

（1）初始化。初始变量节点消息的均值为 $m_0 = m_{v,i}^{(0)} = m_v^{(0)} = 2/\delta^2$。

（2）第 $l$ 次迭代时校验消息均值进化。

计算度数为 $i$ 的校验节点输出消息的均值：

$$m_{u,i}^{(l)} = \Phi^{-1}\left\{1 - [1 - \sum \lambda_i \cdot \Phi(m_{v,i}^{(l-1)})]^{i-1}\right\}, i = 2, \cdots, d_v$$

计算校验消息均值：

$$m_u^{(l)} = \sum \rho_i m_{u,i}^{(l)}, i = 2, \cdots, d_c$$

（3）第 $l$ 次迭代时变量消息均值进化。

计算度数为 $i$ 的变量节点输出消息的均值：

$$m_{v,i}^{(l)} = m_0 + (i-1)m_u^{(l)}$$

计算变量消息均值：

$$m_v^{(l)} = \sum \lambda_i m_{v,i}^{(l)}, i = 2, \cdots, d_v$$

根据以上过程，设定迭代次数，可以计算校验消息和变量消息均值随迭代次数变化的过程。

（4）计算错误概率。根据第 $l$ 次迭代量化消息的分布 $p_v^{(l)} = N(m_v^{(l)}, 2m_v^{(l)})$，得到错误概率为

$$p_e^{(l)} = \int_{-\infty}^{0} p_v^{(l)}(v)\mathrm{d}v \tag{4-22}$$

### 4.2.2.4 LDPC 的 EXIT 图分析[62, 65]

EXIT 图是一种分析迭代译码收敛性的有力工具，EXIT 图也就是外部信息转移图，从互信息的角度分析译码器的收敛性。

EXIT 图是针对级联码提出的，它通过跟踪各子译码器之间的信息迭代来分析译码器的收敛性。虽然 EXIT 图是基于级联码提出来的，而 LDPC 码的译码器表面上没有几个子译码器级联的情况，但是通过一定的转化，可以将 EXIT 曲线应用在 LDPC 码上，将 LDPC 码的译码器分成变量节点译码器和校验节点译码器两部分，变量节点译码器可视为一个重复码的译码器（VND），而校验节点译码器可看作一个单比特校验码的译码器（CND），这样对于码长为 $N$、校验比特长度为 $M$ 的 LDPC 码，其译码可分为 $M$ 个 CND 和 $N$ 个 VND，它们之间通过边交织器连在一起。

#### 1. VND 的 EXIT 曲线

度数为 $d_v$ 的变量节点有 $d_v + 1$ 个输入信息，其中 $d_v$ 个信息来自边交织器，另一个来自信道。变量节点译码器通过计算下式来进行译码：

$$L_{i,\text{out}} = L_{\text{ch}} + \sum L_{j,\text{in}} (j \neq i; \ i = 1, 2, \cdots, d_v) \tag{4-23}$$

式中：$L_{j,\text{in}}$ 为输入到变量节点的第 $j$ 个先验 $L$ 值；$L_{i,\text{out}}$ 为变量节点输出的第 $i$ 个外部信息 $L$ 值；$L_{\text{ch}}$ 为信道信息。

在噪声方差为 $\delta_n^2$ 的 AWGN 信道中，采用 BPSK 调制，定义归一化的信噪比（SNR）为 $E_b / N_0 = 1/(2R\delta_n^2)$

则信道信息为

$$L_{ch} = \lg[p(y|x=+1)/p(y|x=-1)] = 2y/\delta_n^2 \qquad (4\text{-}24)$$

令随机变量 $X$ 和 $Y$ 分别代表信道的输入和输出，则以 $X$ 为条件的 $L_{ch}$ 的方差为

$$\delta_{ch}^2 = 4/\delta_n^2 = 8R \cdot E_b / N_0 \qquad (4\text{-}25)$$

为了计算 EXIT 函数，将第 $j$ 个输入的 BPSK 调制符号，经过 AWGN 信道之后的输出建模成 $L_{j,n}$，那么

$$I_{E,\text{VND}}(I_A, d_v, E_b / N_0, R) = J(((d_v - 1) \cdot [J^{-1}(I_A)]^2 + \delta_{ch}^2))^{1/2} \qquad (4\text{-}26)$$

当信道参数为 $\delta_{ch}$ 时，信道容量为

$$I_{E,\text{VND}}(0, d_v, E_b / N_0, R) = J(\delta_{ch}) \qquad (4\text{-}27)$$

式（4-27）即为采用 BPSK 调制时 AWGN 信道的容量。

## 2. CND 的 EXIT 曲线

度数为 $d_c$ 的校验节点的译码相当于长度为 $d_c$ 的单奇偶校验方程的译码，则输出 $L$ 为

$$L_{i,\text{out}} = \ln\left\{\left[1 - \prod(1 - e^{L_{j,in}})/(1 + e^{L_{j,in}})\right] \Big/ \left[1 + \prod(1 - e^{L_{j,in}})/(1 + e^{L_{j,in}})\right]\right\}, j \neq i \qquad (4\text{-}28)$$

$L$ 可以写为

$$L_{i,\text{out}} = \sum \oplus L_{i,in}, j \neq i \qquad (4\text{-}29)$$

式中

$$L(u_1) \oplus L(u_2) = \lg[(1 + e^{L(u_1)}e^{L(u_2)})/(e^{L(u_1)} + e^{L(u_2)})]$$

再次将第 $j$ 个输入的 BPSK 调制符号，经过 AWGN 信道之后的输出建模成 $L_{j,in}$，那么通过计算或者仿真就可以得到校验节点 EXIT 图的闭合表达式。对于二进制可擦除信道，由于存在对偶性，长为 $d_c$ 的单奇偶校验码的 EXIT 曲线 $I_{E,\text{SPC}}(\cdot)$ 可以用长为 $d_c$ 的重复码的 EXIT 曲线 $I_{E,\text{REP}}(\cdot)$ 来表示：

$$I_{E,\text{SPC}}(I_A, d_c) = 1 - I_{E,\text{REP}}(1 - I_A, d_c) \qquad (4\text{-}30)$$

式(4-30)对于 BPSK 调制的 AWGN 信道的先验输入来说并不完全准确，但是也已经很接近了，因此有

$$I_{E,CND}(I_E, d_c) \approx 1 - I_{E,REP}(1 - I_A, d_c) = 1 - J[(d_c - 1)^{1/2} \cdot J^{-1}(1 - I_A)] \quad (4\text{-}31)$$

由式（4-31）可得

$$I_{A,CND}(I_E, d_c) \approx J[J^{-1}(1 - I_E)/(d_c - 1)^{1/2}] \quad (4\text{-}32)$$

### 3. 非规则 LDPC 码的 EXIT 曲线

这里我们只考虑校验节点度数相同的 LDPC 码，给定校验节点度数 $d_c$ 后，LDPC 码的设计就在于寻找好的变量节点度分布 $d_v^{(i)}$（$i = 1, 2, \cdots, n$）。令 $D$ 表示不同变量节点度数的个数，并将度数表示为 $d_{v,i}$（$i = 1, 2, \cdots, D$）。平均变量节点度数为

$$d_{vp} = \sum a_i \cdot d_{v,i}, \quad i = 1, 2, \cdots, D \quad (4\text{-}33)$$

式中：$a_i$ 表示度数为 $d_{v,i}$ 的变量节点所占的比例。

注意，$a_i$ 必须满足 $\sum_i a_i = 1$。由于 VND 和 CND 的边数相同，于是有 $nd_{vp} = (n - k)d_c$，即

$$d_{vp} = (1 - R) \cdot d_c \quad (4\text{-}34)$$

令 $b_i$ 表示度数为 $d_{v,i}$ 的变量节点连接的边在所有边中所占的比例，而度数为 $d_{v,i}$ 的变量节点共连接有 $(na_i)d_{v,i}$ 条边，则有

$$b_i = na_i d_{v,i} / nd_{vp} = a_i d_{v,i} / (1 - R) \cdot d_c \quad (4\text{-}35)$$

注意，$b_i$ 必须满足 $\sum_i b_i = 1$。LDPC 码的整体 EXIT 曲线可由所有变量节点的 EXIT 曲线求平均得到，由于边携带了外部信息，因此必须利用 $b_i$ 来求平均。则等价的 VND 信息传递曲线为

$$I_{E,VND}(I_A, E_b/N_0, R) = \sum b_i \cdot I_{E,VND}(I_A, d_{v,i}, E_b/N_0, R), \quad i = 1, 2, \cdots, D \quad (4\text{-}36)$$

因为必须保证式 $d_{vp} = (1 - R) \cdot d_c$ 的成立以及 $\sum_i b_i = 1$，所以只有 $D - 2$ 个不同的变量节点度数可供调整。因此，为了灵活起见，必须选择 $D \geqslant 3$，其实 $D = 3$ 就能够构造出具有优异性能的码。

### 4.2.3  DVB–S2 标准及其 LDPC 码

DVB–S2 标准是 2003 年由国际数字视频广播（DVB）组织推出的第二代全球数字电视通用标准。DVB–S2 标准不仅能满足消费者观看电视节目的需求，而且能充分发挥卫星信道频带宽、传输信息量大的优势，进行多媒体数据播出或互联网的交互式服务业务。

**1. DVB–S2 标准中 LDPC 码编码及校验矩阵**

由 Michael Yang 等人提出的扩展的非规则重复累积（extended Irregular Repeat Accumulate，eIRA）LDPC 码[66]，具有较低的编解码复杂度和较优异的性能，利于硬件实现。因此，2003 年 DVB–S2 标准正式采纳 eIRA 码与 BCH 码的级联码作为其前向纠错码方案[67]。eIRA 码由长度为 $n-k$ 的校验位 $p=(p_0,p_1,\cdots,p_{n-k-1})$ 和长度为 $k$ 的信息位 $i=(i_0,i_1,\cdots,i_{k-1})$ 组成长度为 $n$ 的线性分组码 $c=(i_0,i_1,\cdots,i_{k-1},p_0,p_1,\cdots,p_{n-k-1})$，码率为 $R=k/n$。

DVB–S2 标准中采用的 LDPC 码具有大的分组长度，标准帧长为 64800bit，支持 1/4、1/3、2/5、1/2、3/5、2/3、3/4、4/5、5/6、8/9、9/10 十一种码率，适合于对载噪比要求高但对时延要求不高的应用场合；短帧长为 16200bit，支持 1/4、1/3、2/5、1/2、3/5、2/3、3/4、4/5、5/6、8/9 十种码率，适合交互式应用的场合，如表 4.3 和表 4.4 所列，其中 $q$ 为常量，$q=(n-k)/360$。

表 4.3  标准帧码率参数

| 码率 | $n$/bit | $k$/bit | $q$ |
|---|---|---|---|
| 1/4 | 64800 | 16200 | 135 |
| 1/3 | 64800 | 21600 | 120 |
| 2/5 | 64800 | 25920 | 108 |
| 1/2 | 64800 | 32400 | 90 |
| 3/5 | 64800 | 38880 | 72 |
| 2/3 | 64800 | 43200 | 60 |
| 3/4 | 64800 | 48600 | 45 |
| 4/5 | 64800 | 51840 | 36 |
| 5/6 | 64800 | 54000 | 30 |
| 8/9 | 64800 | 57600 | 20 |
| 9/10 | 64800 | 58320 | 18 |

表 4.4　短帧码率参数

| 码率 | $n$/bit | $k$/bit | $q$ |
|---|---|---|---|
| 1/4 | 16200 | 3240 | 36 |
| 1/3 | 16200 | 5400 | 30 |
| 2/5 | 16200 | 6480 | 27 |
| 1/2 | 16200 | 7200 | 25 |
| 3/5 | 16200 | 9720 | 18 |
| 2/3 | 16200 | 10800 | 15 |
| 3/4 | 16200 | 11880 | 12 |
| 4/5 | 16200 | 12600 | 10 |
| 5/6 | 16200 | 13320 | 8 |
| 8/9 | 16200 | 14400 | 5 |

DVB-S2 标准的 LDPC 码编码规则可用下式表示：

$$\begin{cases} p_j = p_j \oplus i_m \\ j = \{x + q \times (m \mod 360)\} \mod (n-k) \\ m = 0,1,2,\cdots,k-1 \end{cases} \tag{4-37}$$

式中：$p_j$ 为第 $j$ 个校验位；$i_m$ 为第 $i$ 个信息位。初始状态时，$p_0 = p_1 = \cdots = p_{n-k-1} = 0$。

LDPC 码满足校验方程：$H \cdot c^{\mathrm{T}} = 0$。

校验矩阵 $H$ 根据矩阵结构可以分成两部分[68]：

$$H = [A_{(n-k)\times k} \mid B_{(n-k)\times(n-k)}] \tag{4-38}$$

式中：$A$ 为 $(n-k)\times k$ 的稀疏矩阵；$B$ 为 $(n-k)\times(n-k)$ 的阶梯型下三角矩阵。

这样，就可以通过稀疏矩阵 $H$ 来描述一个 LDPC 码。

$$A = \begin{bmatrix} a_{0,0} & a_{0,1} & \cdots & a_{0,k-1} \\ a_{1,0} & a_{1,1} & \cdots & a_{1,k-1} \\ a_{2,0} & a_{2,1} & \cdots & a_{2,k-1} \\ \vdots & \vdots & & \vdots \\ a_{n-k-1,0} & a_{n-k-1,1} & \cdots & a_{n-k-1,k-1} \end{bmatrix} \tag{4-39}$$

$$B = \begin{bmatrix} 1 & 0 & \cdots & 0 & 0 & 0 \\ 1 & 1 & 0 & \cdots & 0 & 0 \\ 0 & 1 & 1 & 0 & \cdots & 0 \\ \vdots & \vdots & \vdots & \vdots & & \vdots \\ 0 & \cdots & 0 & 1 & 1 & 0 \\ 0 & 0 & \cdots & 0 & 1 & 1 \end{bmatrix} \qquad (4\text{-}40)$$

### 2．DVB-S2 标准中基于 LDPC 的 BICM 方案

BICM（bit-interleaved coded modulation）技术是由 Ephraim Zehavi 提出的，在编码器后加一个理想交织器来增加码的分集，以提高数字通信系统在衰落信道下的性能[69]。传统 BICM 系统框图如图 4.20 所示。编码后的码字 $c$ 经过交织变成序列 $\Pi(c)$。采用 $M$ 进制调制，$\Pi(c)$ 的每 $\log_2 M$ 位分成一个二进制符号，根据调制方式此符号映射到 $M$ 进制星座图上的一个符号上，经过信道，解调后再经过解交织、译码后回到信宿。

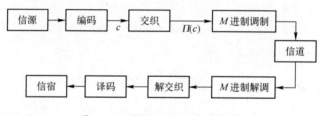

图 4.20　传统 BICM 系统框图

当采用 LDPC 编码后，系统框图如图 4.21 所示。与图 4.20 的传统 BICM 系统相比，它没有使用交织器，这是因为在 LDPC 码的译码时，变量节点 $b$ 从校验节点 $c$ 获得的消息只与校验节点 $c$ 相邻的变量节点有关。由于校验矩阵是随机构造的，在校验矩阵中，$b$ 与这些变量节点的位置相邻的概率非常小。因此，即使变量节点 $b$ 处于深度衰落，其他变量节点并不处于深度衰落的可能性很大，仍然可以为 $b$ 提供可靠的译码消息。可见，由于 LDPC 码校验矩阵的随机构造及其高度稀疏性，使 LDPC 码本身具有内在的交织性，在 LDPC 码编码的同时，也完成了各个信息比特之间的交织。如果采用 LDPC 码，编码以后的码字，经过 $M$ 进制调制，则构成了一个比特交织编码调制的 BICM 系统。由于省略了交织器，系统复杂度大大降低，系统延时也大大缩短[62]。

图 4.21　LDPC BICM 系统模型

## 4.2.4　DVB-S2 标准下 LDPC 码增强平流层通信可靠性分析

仿真程序分别对码率、码长不同的 LDPC 码在采用 BPSK、QPSK 以及 16QAM 调制时的性能进行了分析对比，译码采用 BP 算法（又称为和乘积算法（Sum-Product Algorithm，SPA））。

### 1．AWGN 信道下的仿真

设平流层信道为 AWGN 衰落。DVB-S2 中的 LDPC 码的码长为 16200bit 和 64800bit，码率为 1/3 和 1/4，仿真中 LDPC 码译码的最大迭代次数为 100。图 4.22～图 4.24 给出了在 BPSK、QPSK 和 16QAM 调制时误码率与信噪比之间的仿真曲线。

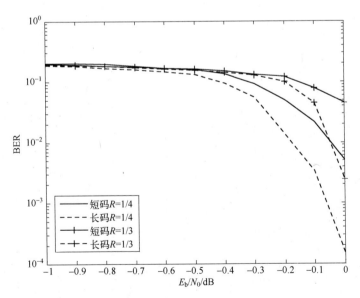

图 4.22　BPSK 调制时不同码率的长码与短码的 BER 曲线

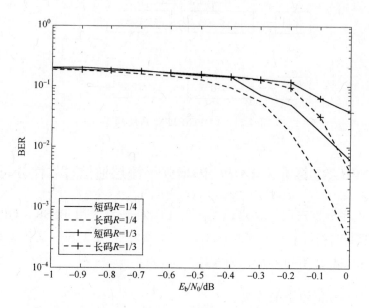

图 4.23 QPSK 调制时不同码率的长码与短码的 BER 曲线

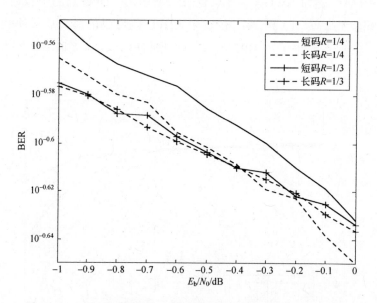

图 4.24 16QAM 调制时不同码率的长码与短码的 BER 曲线

从图 4.22～图 4.24 可以看出，采用 BPSK 与 QPSK 调制时得到的系统仿真结果比较相近。对于这两种调制方式而言，在信噪比 SNR 较低时，信道噪声强度大，性能较差。随着 SNR 的增加，BER 曲线呈降低趋势。当 SNR 达到一定值时，BER 曲线出现陡降区或瀑布区，BER 迅速降低。在此之前，速率相同的短码与长码的性能非常接近。在此之后，对于 BER 而言，长码的纠错性能优于短码。此外，不论是长码还是短码，速率较小时的纠错性能优于速率较大时的纠错性能。

当采用 16QAM 调制时，BER 曲线随着信噪比 SNR 的增大而逐渐降低。对于码率 $R=1/3$，长码与短码的 BER 性能接近，对于码率 $R=1/4$，长码的性能优于短码。

对于信道编码，码率是衡量码有效性的基本参数，表示信息位在码字中所占的比例。$R$ 越大，信息位所占的比例越大，码传输信息的有效性越高。同时，$R$ 越大，码的冗余度越小，抗干扰能力就越差。因此，码率大的码其纠错性能要差一些。

同理，码长越长，信息位所占的比例越小，码的冗余度越大，抗干扰能力越好，因此，长码的纠错性能优于短码。仿真结果也说明了这一点。

图 4.25 和图 4.26 分别显示了当码率相同、码长不同时，系统分别采用 BPSK、QPSK 及 16QAM 调制时误码率的对比曲线。在图 4.25 和图 4.26 中，无标识、"+"字线和"*"线分别代表 BPSK、QPSK 及 16QAM 调制。

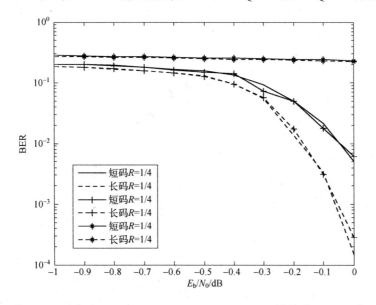

图 4.25　码率为 1/4 时 BPSK、QPSK 及 16QAM 调制的 BER 曲线

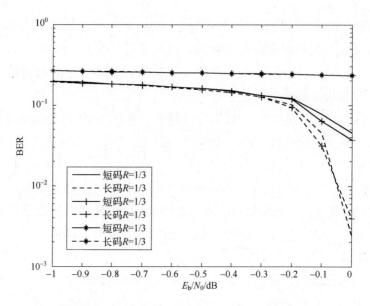

图 4.26    码率为 1/3 时 BPSK、QPSK 及 16QAM 调制的 BER 曲线

由图 4.25 和图 4.26 可以看出，采用 BPSK 和 QPSK 调制时，系统的 BER 性能优于 16QAM 调制时系统的性能。这是因为采用 16QAM 调制虽然比采用 BPSK 及 QPSK 调制时的频带利用率高，但是 16QAM 调制信号点之间的距离比较小，也就是说，为了达到相同的接收误码率，采用 16QAM 调制时系统需要更大的发射功率，因而 BPSK 及 QPSK 调制的抗误码性能优于 16QAM 调制。

### 2. 瑞利信道下的仿真

设平流层信道为瑞利衰落。采用 BP 译码算法，仿真中最大迭代次数为 100（16QAM 调制时为 1000）。LDPC 码的码长为 16200bit 和 64800bit，码率为 1/3 和 1/4。图 4.27～图 4.29 给出了 BPSK、QPSK 和 16QAM 调制时的 BER 曲线。

从图 4.27～图 4.29 可以看出，在瑞利衰落信道下，采用 BPSK 调制时，BER 曲线随着 SNR 的增大而逐渐降低。由于受到衰落系数的影响，系统的 BER 曲线与 AWGN 信道中的 BER 曲线相比有所变化。当码率 $R=1/3$ 时，长码和短码的性能很相近；当 $R=1/4$ 时，长码性能明显优于短码。

采用 QPSK 调制时，BER 曲线的变化规律与 BPSK 调制一致。当采用 16QAM 调制时，速率相同的长码和短码的 BER 性能比较接近，但总体上长

码的性能要好一些。此外还可以看出，采用 BPSK 和 QPSK 调制时，系统的
BER 性能优于采用 16QAM 调制时的性能。

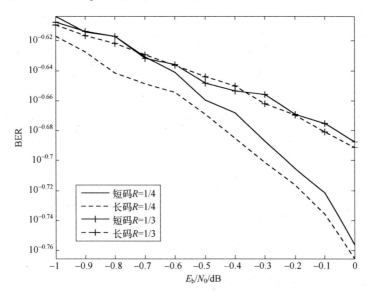

图 4.27　BPSK 调制时不同码率的长码与短码的 BER 曲线

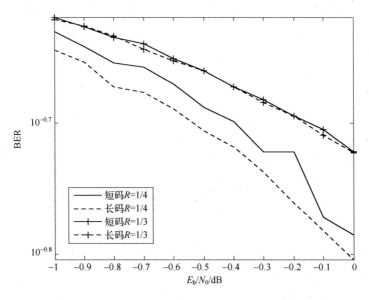

图 4.28　QPSK 调制时不同码率的长码与短码的 BER 曲线

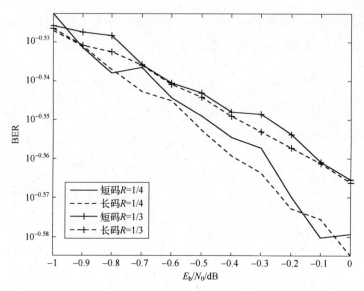

图 4.29  16QAM 调制时不同码率的长码与短码的 BER 曲线

### 3. LDPC 编码系统与未编码系统的对比

平流层在 AWGN 衰落信道时，采用 BPSK 调制的 LDPC 编码系统与同样采用 BPSK 调制的未编码系统的 BER 性能如图 4.30 所示。

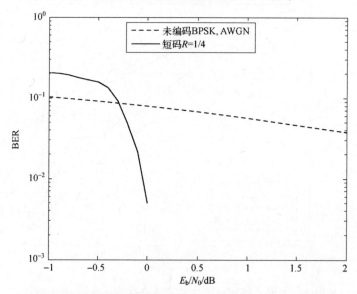

图 4.30  LDPC 编码系统与未编码系统的 BER 曲线

由图 4.30 可以看出，当信噪比较小时，未编码系统的性能好于 LDPC 编码系统的性能。但是，随着信噪比的增大，编码系统 BER 曲线出现陡降区，而未编码系统的 BER 曲线变化缓慢，此时编码系统的性能优于未编码系统的性能。因此，在实际应用中，采用 LDPC 编码的系统性能会比未编码系统优越。

**4．信道容量**

图 4.31 与图 4.32 分别是平流层在 AWGN 和瑞利衰落信道下，采用 BPSK、QPSK 及 16QAM 调制时 BICM 系统的信道容量 $C$ 随信噪比的变化曲线。

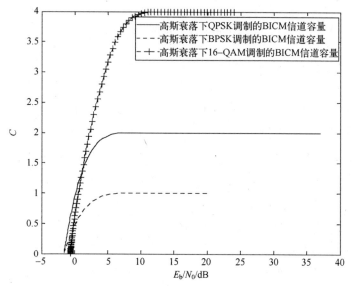

图 4.31　AWGN 信道下的信道容量

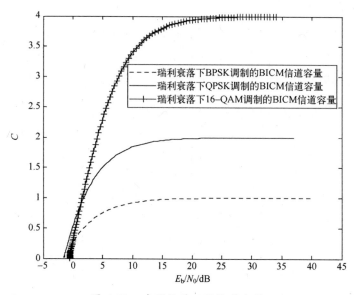

图 4.32　瑞利信道下的信道容量

从图 4.31 与图 4.32 可以看出，在 AWGN 信道和瑞利信道中，信道容量随信噪比的变化规律是一样的。当信噪比较小时，信道容量随信噪比的增加而增大；当信噪比到达一定值时，信道容量基本不再发生变化。此外还可以得出，采用 16QAM 调制时的信道容量最大，BPSK 调制时的信道容量最小。

对于限时、限频、限功率的加性高斯白噪声信道而言，单位时间的信道容量为

$$C = B\log_2(1 + S/N) \quad (\text{b/s})$$

式中：$B$ 为带宽；$S/N$ 为信噪比。因此，当带宽一定时，$S/N$ 与信道容量 $C$ 成对数关系。若 $S/N$ 增大，$C$ 就增大，但增大到一定程度后就会趋于缓慢。由图 4.32 可以看出，实际仿真中得到的曲线与理论上分析的结论完全一致。

从上面的仿真结果中可以看到：

（1）采用 LDPC 编码的 BICM 系统比未编码系统的性能优越很多，尤其当信噪比较大时，LDPC 编码系统的 BER 能够降到很小，系统性能有很大提高。

（2）LDPC 码在 AWGN 信道下具有很好的纠错性能，在瑞利衰落信道下可以对数据起到很好的保护作用。

（3）由于 LDPC 码的内在交织性，采用迭代概率译码算法时，系统设计的复杂度和译码延时比其他方案有较大降低，在对实用性要求较高的传输系统中采用 LDPC 码进行信道纠错。

（4）采用 BPSK 或 QPSK 调制的码长为 64800bit、码率为 1/4 的 LDPC 码在瑞利衰落信道的 BICM 平流层通信系统中具有很好的性能，可以在性能与复杂度之间取得很好的平衡。

# 第 5 章　平流层通信抗干扰技术

## 5.1　平流层通信系统干扰来源

在实际工作中，无线电接收设备受到的干扰是多种多样的。按干扰产生的来源，无线电通信干扰可分为自然干扰和人为干扰。自然干扰是自然界中存在的各种电磁波辐射，如雷电、地震、火山爆发以及来自太阳和银河系等的宇宙噪声，还有来自电阻性元器件中电子热运动产生的热噪声。人为干扰是由人类的活动产生的干扰，分为无意的人为干扰和有意的人为干扰。无意的人为干扰是无意间产生的人为干扰，如电钻和电气开关瞬态造成的电火花、汽车点火系统产生的电火花、荧光灯产生的干扰、电台和家电用具产生的电磁波辐射等；有意的人为干扰是为了破坏对方无线电通信而有意识施放的干扰，常用于军事通信对抗。

平流层通信系统中有两类干扰[10]，即来自 HAPS 网络本身用户的干扰和来自应用相同或相邻频段的地面或卫星通信系统的干扰。后者有平流层地面站和其他陆地或卫星地面站之间、平流层地面站和其他空间站（如卫星）之间、HAPS 和其他陆地站之间以及 HAPS 和卫星之间四种干扰途径。不管哪种类型的通信干扰，对信息传输来说都是可靠通信的主要威胁，应采取措施减小或消除通信干扰的影响。

## 5.2　平流层通信系统抗干扰主要技术措施

若将平流层通信系统中许多小区聚束应用，则可以减轻来自同信道用户的干扰。划分小区和降低功率虽然是一种解决办法，但是价格太高，通信抗干扰技术是一种更经济的方法。载波干扰比还与天线的方向图有关。用波束成形的方法改善 HAPS 天线的辐射方向图，可以降低 HAPS 天线对静止卫星系统的影响。而平流层通信地面站对其他地面业务的干扰，可以用增大天线方向图最小仰角的方法减小。同时，在军用平流层通信领域，抗干扰技术可以减轻敌方恶意干扰造成的通信障碍，减少由于发射机和接收机位置太靠近引起的谐波干扰。

概括来讲，通信抗干扰的技术措施很多，可以从时域、频域、空域、功率域等方面实现多维空间的抗干扰，其根本目的是提高通信接收机的信干比，即发送信息功率与施放干扰功率的比值。通信抗干扰技术是实施通信抗干扰的基础。

通信抗干扰技术的体系、方法、措施可分为四类：

（1）以扩频技术为主的频域抗干扰技术，如直接序列扩频（DS-SS）[70]、跳频（FH）[71]、DS/FH 混合扩频技术[72]，自适应选频技术[73]，自适应频域滤波技术[74]等。

（2）以自适应时变和处理技术为主的时域抗干扰技术，如猝发通信技术[75]、低速率通信技术、跳时（TH）技术[76]、自适应信号功率控制技术[77-78]。

（3）以自适应调零天线为主的空域抗干扰技术[79]，如高增益、低旁瓣、窄波束定向天线技术，自适应调零天线技术，多波束天线技术，空间分集技术。

（4）纠错编码技术[80]。20 世纪 80 年代以前，扩频技术一直被美国军方垄断。随着通信技术的迅猛发展，频谱拥塞日益严重，扩频技术可以使新老用户共享同一频段，因此得到飞速发展。

扩频通信具有许多窄带通信难以替代的优良性能，使得它能迅速推广到各种公用和专用通信网络之中。概括起来，扩频通信系统主要具有以下优点：

（1）易于同频使用，提高了无线频谱利用率。由于扩频通信采用了相关接收技术，信号发送功率极低（小于 1W，一般为 1～100mW），且可工作在信道噪声和热噪声背景中，易于在同一地区重复使用同一频率，也可以与目前各种窄带通信共享同一频率资源。

（2）抗干扰能力强，误码率低。扩频通信在空间传输时所占有的频带相对较宽，而收端又采用相关检测的办法来解扩，使有用宽带信号恢复成窄带信号，而干扰信号与扩频伪随机码不相关，被扩展成宽带信号，使进入信号通频带内的干扰功率大大降低，相应地增加了相关器的输出信号与干扰的比值，因此具有很强的抗干扰能力。

（3）保密性好。由于扩频信号在相对较宽的频带上被扩展，其功率密度随频谱的展宽而降低，甚至可以将信号淹没在噪声中，一般不容易被发现，而想进一步截获或窃听、侦察这样的信号就更加困难，因此具有很好的隐蔽性。

由于扩展频谱技术具有信号频谱宽、功率谱密度低、波形复杂、参数多变、安全隐蔽、抗干扰能力强等显著特点，已成为当代军事和民用领域广为应用的一种通信方式，在现代通信领域中占有重要的地位[81]，是通信抗干扰技术的重要发展方向和体制。

扩展频谱技术的理论基础是香农的信息论。香农信道容量表述为

$$C = B \log_2 \left( 1 + \frac{S}{N} \right) \tag{5-1}$$

式中：$C$ 为信道容量（b/s），表征在被白色高斯噪声干扰的信道中传送信息的最大可能速度；$B$ 为信道带宽（Hz）；$S$ 为信号功率；$N$ 为噪声功率。

根据信息论的基本理论，频带为 $B$、平均发送功率限制为 $S$、受白色高斯噪声干扰的传输系统的最大传输容量为式（5-1）。香农证明，应用适当的编码，通信系统可以此速率传送信息，而且所传信息的错误概率可逼近任意小数。这种适当的编码，是指将信号变换成类似白噪声码进行传输，在接收端再用完全相同的白噪声码进行相关检测。

由于白噪声功率谱密度在整个无线电频谱范围内几乎是均匀分布的，它是一种不可能事先完全确定的非周期性序列，目前人类还无法复制和利用，因此式（5-1）是理想传输系统的传输容量。该式表明：在信道存在白噪声干扰时，一条信道无差错地传送信息的能力与传输信息所使用的信号带宽之间应具有的关系，也可理解为信道能传送的最大信息速率受信道带宽和信噪比的限制。显然，在无噪声的信道中 ($N = 0$)，信道容量为无限大。然而，在实际信道中，噪声总是存在的，因此信道容量也总是有限的。

式（5-1）又称为香农-哈特莱定律，是信息论中的核心定理，从这个定律可以看出，在保持传输信息量不变的前提下，频带和功率是可以互换的。因此，可以用扩展信道带宽来降低发送信号的功率（降低信噪比），反之也可以用增加信号的功率来压缩信道带宽，这种转换关系说明频带可能等效地转换成功率。这样，信噪比与带宽之间的转换规律对于设计实际的信息传输系

统有重要的指导意义，各种调制过程实际上是实现信道带宽 $B$ 和信噪比 $(S/N)$ 之间互换的一种手段。

信息论所揭示的频带与功率的交换关系说明，在通信系统中可以把频带看成一种能量的等价量，而且在一定条件下应尽量用频带来换取功率，即加大信号频带以减小对传输功率的要求。显然，基于频带是一种能量的观点，对于给定频带的充分利用就是对能量的充分利用。特别是发射功率受限使用的情况下，如卫星和飞行器上的无线电设备及一切体积、重量、电磁兼容要求很严格的场所，频带与功率交换越有效，通信系统的性能就越好。

扩频技术就是根据香农-哈特莱定律设计的以频带换取功率，以极小差错率传送信息的一种较为理想的信道波形变换技术。

目前，关于扩频通信技术的研究仍然是人们比较关注的话题，与新兴技术的结合、提高扩频通信的传输效率和可靠性成为扩频通信研究的新热点。

# 5.3　平流层通信跳频抗干扰技术

## 5.3.1　跳频通信简介

### 1. 跳频基本原理

定频通信是在固定频率点上进行通信，跳频是相对于常规定频而言，不使用固定频率进行的通信方式。定频通信中，一旦敌方获取我方所用频段，将对我方进行压制干扰。因而在复杂电磁环境下，这种通信方式极易受到干扰和攻击，使得通信质量下降，严重时甚至使通信中断。但跳频电台具有很好的抗干扰能力，以确保通信联络的畅通。

跳频（FH-SS）系统也称频率跳变系统，它是用二进制伪随机码序列去控制射频载波振荡器输出信号的频率，使发射信号的载波频率随伪随机码的变化而跳变[82]。跳频系统的简化框图如图 5.1 所示。

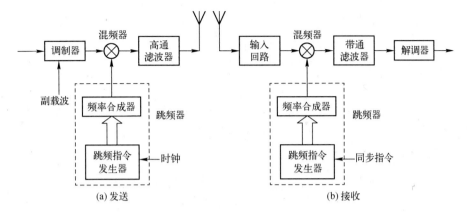

图 5.1　跳频信号的发送与接收

跳频信号是由跳频器产生的。跳频器是 FH-SS 系统的核心，由频率合成器和跳频指令发生器构成，跳频器输出的频率受跳频指令控制。在时钟的作用下，跳频指令发生器不断地发出控制指令，频率合成器不断地改变其输出载波的频率。混频器输出的已调波的载波频率也将随着指令不断地跳变，从而经高通滤波器和天线发送出去的就是跳频信号。

跳频器输出跳变的频率序列称为跳频图案。有什么样的跳频指令就会产生什么样的跳频图案。通常利用伪码发生器或由软件编程来产生跳频指令。跳频系统的关键部件是跳频器，也就是能产生频谱纯度好的快速切换的频率合成器和伪随机性好的跳频指令发生器。

在跳频信号的接收端，为了对输入信号解跳，需要由与发端相同且时间同步的本地伪码序列发生器构成的跳频指令去控制本地频率合成器，使其输出的跳频信号能在混频器中与接收到的跳频信号差频出一个固定中频信号。经中频放大器放大及带通滤波后，送到数字信息解调器恢复出原信息。接收机中的跳频器还须受同步指令的控制，以确定其跳频的起止时刻。

跳频系统要实现跳频通信，正确接收跳频信号的条件是跳频系统的同步。系统的同步包括以下几项内容：

（1）收端和发端产生的跳频图案相同，即有相同的跳频规律。

（2）频率跳变的起止时刻在时间上同步，即同步跳变，或相位一致。

**2．跳频系统中的几个重要概念**

1）跳频数和跳频速率

跳频数是指频率跳变的数量，跳频速率是指频率跳变的速度。跳频数和跳频速率是决定整个跳频系统性能的主要参数。跳频数增加，则扩展的频谱越宽，系统的处理增益就越大，抗干扰的能力就越强。跳频速率越高，就越适应高速数据传输，并有效地抑制干扰。

2）快跳频和慢跳频

跳频系统分为快跳频（Fast Frequency Hopped，FFH）系统和慢跳频（Slow Frequency Hopped，SFH）系统。目前，定义快跳和慢跳的方法有两种[83]：一种按绝对跳频速率来分，一般认为跳频速率小于 1000 跳/s 的称为慢跳频，大于 1000 跳/s 的称为快跳频。这种分类方法有很大的缺陷：一是它随着频率合成器技术的发展，其分界点会不断变化，目前认为的快跳频到将来可能就是慢跳频；二是这种分类方法与跳频体制及解跳、同步和解调方式不对应。另一种是按相对跳频速率来分，即根据跳频持续时间 $T_h$ 和码元周期 $T_s$ 之间的关系来分。在这种分类方法中，快跳频是指在每个数据符号间隔内存在多个频率跳变，即 $T_s=mT_h$，其中，$m$ 为整数，$m \geqslant 2$；慢跳频则是每个跳频频率驻留时间内存在一个以上的数据符合，即 $T_h=mT_s$，$m \geqslant 1$。第二种分类方法更科学。

在快跳频系统中，一个符号的传输周期内，系统的载波要跳变数次。由于快跳频系统的载波驻留周期较短，跳速较高，因此其抗干扰抗截获能力更强。此外，由于一个符号被传送数次，在信息传输的同时也获得了分集增益，因而抗衰落性能也有所提高。

3）处理增益

跳频系统处理增益 $G_p$ 为跳频系统占据的总带宽 $W_{ss}$ 与信息速率 $R_b$ 的比值，即

$$G_p = \frac{W_{ss}}{R_b} \tag{5-2}$$

对于未编码的 FH/MFSK 跳频体制，$M = 2^K$，$R_b = KR_s$，$R_s$ 为码元速率，则慢跳频系统的处理增益为[84]

$$G_p = \frac{W_{ss}}{R_b} = \frac{W_{ss}}{KR_s} = \frac{W_{ss}}{KR_c} = \frac{1}{K} N_t \tag{5-3}$$

式中：$R_c$ 为码片速率，表示跳频系统在频域的最小频率间隔；$N_t$ 为跳频系统在 $W_{ss}$ 内离散频率点个数。

100

快跳频系统的处理增益为[84]

$$G_{\mathrm{p}} = \frac{W_{\mathrm{ss}}}{R_{\mathrm{b}}} = \frac{W_{\mathrm{ss}}}{KR_{\mathrm{s}}} = \frac{mW_{\mathrm{ss}}}{KR_{\mathrm{c}}} = \frac{m}{K}N_{\mathrm{t}} \qquad (5\text{-}4)$$

对于编码的 FH/MFSK 跳频体制，传输速率 $R_{\mathrm{t}} = R_{\mathrm{b}}/\gamma$，$\gamma$ 为编码效率，则慢跳频系统的处理增益为[84]

$$G_{\mathrm{p}} = \frac{W_{\mathrm{ss}}}{R_{\mathrm{b}}} = \frac{W_{\mathrm{ss}}}{\gamma KR_{\mathrm{s}}} = \frac{W_{\mathrm{ss}}}{\gamma KR_{\mathrm{c}}} = \frac{1}{\gamma K}N_{\mathrm{t}} \qquad (5\text{-}5)$$

快跳频系统的处理增益为[84]

$$G_{\mathrm{p}} = \frac{W_{\mathrm{ss}}}{R_{\mathrm{b}}} = \frac{W_{\mathrm{ss}}}{\gamma KR_{\mathrm{s}}} = \frac{mW_{\mathrm{ss}}}{\gamma KR_{\mathrm{c}}} = \frac{m}{\gamma K}N_{\mathrm{t}} \qquad (5\text{-}6)$$

### 3．针对跳频的主要干扰样式

对跳频通信实施干扰，就是要造成跳频通信有较高误码率，使通信不能正常进行[85]。对跳频通信的有意干扰样式主要有如下三种基本类型：

（1）阻塞干扰：能够同时覆盖全部跳频通信频率或部分跳频通信频率的一种干扰方式[83]。阻塞干扰带宽可宽可窄，在时域上可覆盖全部跳频通信信号。人为有意阻塞干扰可分为宽带阻塞干扰、部分频带阻塞干扰、梳状阻塞干扰等类型。因此，运用阻塞式干扰机或多部宽频干扰机，选择敌台工作频率跳跃最频繁的频段实施拦阻，可以较成功地干扰跳频通信，这已得到实践验证[86]。

（2）跟踪干扰：在对通信信号进行快速截获、分选、分析的基础上，确定干扰对象，引导干扰机瞄准信号频率发射干扰信号的方式。一旦实施了跟踪干扰，干扰就将跟随跳频图案的变化而实施窄带瞄准干扰，此时干扰功率集中，且随同跳频信号一起经过滤波器进入信号处理模块，造成跳频通信系统失去跳频的处理增益[87]。显然，跟踪式干扰提高了瞬时通信频带上的干扰强度，从而获得比宽带噪声干扰更好的效果[88]。

（3）多频连续波干扰：干扰方发送多个频率和相位不相同的连续正弦波进行干扰。设干扰方知道传输信号结构，但不知道跳频序列，将干扰功率 $J$ 等分在 $k$ 个频率上。干扰方的任务是选择干扰频率间隔使得比特差错率最大[89]。

**4．跳频抗干扰基本原理**

在跳频系统中，发射端的载频受伪随机码控制，不断地、随机地改变，躲避干扰，只有在每次跳变时隙内，干扰频率恰巧位于跳频的频段时，干扰才有效，如图 5.2 所示。在接收端通过解跳处理，有用信号被还原成固定频率，而各种干扰的频率被接收端的伪随机码序列扩展到很宽的频带。通过窄带滤波器后将有用信号提取出来，干扰得到很大抑制。

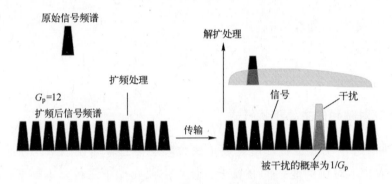

图 5.2　跳频抗干扰原理示意图

从图 5.2 可以看出，FH 系统的抗干扰能力与处理增益成正比，系统频谱扩展得越宽，则处理增益越大，信号被干扰的概率越低，解跳后原始信号频带内的平均干扰功率就越小，抗干扰性能就越强。

**5．跳频系统的主要抗干扰方法**

1）抗宽带阻塞干扰方法

对宽带阻塞式干扰，可采用增加跳频带宽和功率对抗两种方式进行抗干扰。

增加跳频带宽，意味着敌方干扰频带要加宽，在保持干扰功率谱密度不变时总的干扰功率也要相应增加，即使敌方的全频带干扰设备付出展宽干扰频带和提高干扰功率的双重代价，在技术、战术实现上难度更大。

功率对抗是在遇到强干扰时采用加大发射功率的方式进行抗干扰，这种硬抗方式易使己方暴露，是为了保障通信迫不得已使用的方法。

2）抗部分频带阻塞干扰方法

干扰机将噪声功率集中在工作频带的一部分上，形成了部分频带干扰（PBJ）[87]。因此，针对部分带干扰，可以采用在通信前搜索空闲频段，通信时将跳频频点选择在空闲频段或干扰较小的频点上，从而增强抗部分带干扰的能力，同时采用功率/频率自适应技术，抗干扰效果更佳。

功率/频率自适应技术是根据反馈信息通过改变信号的发射功率/频率实现对通信质量自适应调整的技术[90]。

3）抗梳状阻塞干扰方法

针对梳状干扰，可以采用自适应跳频[91]或变间隔跳频技术[83]进行抗干扰。

自适应跳频是跳频系统根据当前的信道干扰和信道质量情况，如频点干扰情况、信道衰落以及通信距离等造成的信号质量差异，综合运用自适应选频换频、调制解调方式、纠错编码、信道均衡等多种自适应技术，避开干扰或降低干扰的影响，最大可能地提高可靠的通信质量和高的数据传输速率[92]。

目前，大多数跳频通信装备采用等间隔跳频方式，梳状干扰很容易实现，干扰效率大大增加，并形成了相应的跳频侦察与干扰体制。如果采用变间隔跳频技术，相邻频点之间的间隔不等，或不成整数倍，则可进一步提高跳频通信系统的抗梳状干扰能力。

4）抗跟踪干扰方法

跟踪干扰对慢跳频系统威胁很大，当跳频速率很高时，由于每一跳的驻留时间很短，跟踪式干扰方式来不及跟踪跳频信号，也就无法对干扰目标实施干扰。因此，提高跳速是抗跟踪干扰的主要手段。

此外，采用跳频组网的方式也可以提高跳频系统抗跟踪干扰的性能[83]。跳频组网工作方式，可以使干扰方在众多的时延交错、频率交错的跳频网中难以区分通信方的频率集，无法建立各频率集和各跳频网的对应关系，增加其实施跟踪干扰的难度。

5）抗多频连续波干扰方法

多频连续波干扰易于产生，是跟踪干扰无法实施时常采用的手段。根据多频连续干扰的实施方法可知，增加跳频频率数是抗多频连续波干扰的主要手段。跳频频率数增加，干扰方要相应增加干扰频点数和干扰功率，而跳频通信并不需要增加功率。

### 5.3.2 噪声归一化合并的 FFH/MFSK 系统增强平流层通信抗部分带干扰技术

快跳频具有很好的频率分集作用，抗干扰性能好，但现有的技术很难维持相位在连续的跳频驻留时间内保持相干性，因此跳频通信系统常用的是非相干解调技术。多进制移频键控（MFSK）具有非相干解调易实现、抗衰落性能好等优点，一直是跳频通信采用的主要调制方式。FFH/MFSK 系统发射机模型如图 5.1（a）所示。其中调制器为 MFSK 调制器，MFSK 调制过程如图 5.3 所示。二进制数据流通过串并变换后，变换为 $M$ 进制的 $r = \log_2 M$ 比特符号，经过 MFSK 调制后，同频率合成器混合产生发射信号。发射频率受跳频指令发生器的控制，使每个用户具有唯一的跳频图案。

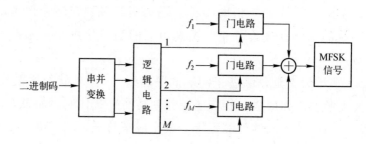

图 5.3　MFSK 调制原理框图

在接收端，FFH/MFSK 系统可以利用快跳频系统本身所固有的频率分集特点，在接收端采用相应的合并算法，对解跳后的信号进行合并处理，尽可能实现系统的正确接收。总体看来，分集合并技术可分为两大类：一类为不需要信道边信息（指是否受到干扰、干扰的功率以及噪声的功率等信息）辅助的分集合并技术，如线性合并算法[93-95]、乘积合并算法[96-100]、自归一合并算法[101-103]以及 RS 合并算法[104-106]等，这类算法只是简单地将分类支路的信号做求和、相乘等运算，结构简单且易于实现，但抗干扰及抗衰落效果有待提升；另一类为需要信道边信息辅助的分集合并技术，如限幅合并[107-110]、噪声归一化合并[111-115]以及最大似然合并[116-120]，这类分集合并接收机结构较复杂，但抗干扰及抗衰落效果较好。

部分频带干扰是跳频系统常见的干扰形式。本节针对平流层 FFH/MFSK 通信系统抗部分频带干扰进行研究。在部分频带干扰条件下，最大似然合并接收机是性能最优接收机，但是，实现最大似然接收机需要许多边信息，在

104

很多情况下这些边信息得不到或获得不全，尤其是在衰落信道或在强干扰环境中很难实现最大似然接收。噪声归一化接收机（又称自动增益控制（AGC）接收机）在对每个平方律检波器的结果进行线性合并之前，用噪声能量对其进行归一化。研究表明，噪声归一化接收机是一种次优接收机，并且所需边信息较少，易于实现，在干扰功率较大时，其抗干扰效果优于其他几种类型的接收机[121]。

噪声归一化合并的 FFH/MFSK 接收机模型如图 5.4 所示。

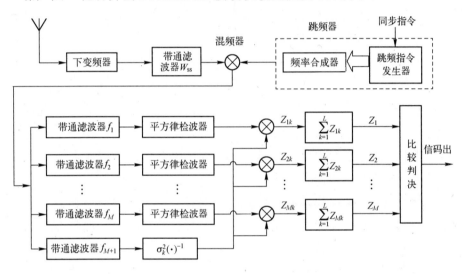

图 5.4　噪声归一化合并的 FFH/MFSK 接收机模型

## 5.3.3　具有噪声归一化合并的 FFH/MFSK 接收机抗部分带干扰性能分析

### 1．信道模型

由 2.2 节的理论分析及文献[122]可知，平流层信道既存在由不同传播路径引起的多径损耗，又存在直射分量，接收机的信号包络主要服从莱斯分布。当直射分量为主要接收分量时，接收信号近似符合对数正态分布；当多径分量为主要接收分量时，接收信号近似符合瑞利分布。所以应选择通用的衰落模型来表达平流层通信信道的抗干扰特性。莱斯分布横跨了瑞利衰落到无衰落的区域，而 Nakagami-m 分布能横跨从单边高斯衰落到无衰落的整个区域[123]。因此，Nakagami-m 分布是一种更通用的衰落模型，相对于莱斯衰落模型来讲，更具有通用性，更易于处理分析。

现有文献很少分析存在 PBJ 和 AWGN 的 Nakagami 衰落信道下 FFH/MFSK 接收机的分集性能，只有文献[96]对乘积合并（PC）接收机的分集性能进行了分析。

几十年来，围绕存在 PBJ 和 AWGN 的频率非选择性慢衰落信道下采用某种合并技术的 FFH/MFSK 系统的性能分析已经做了很多研究[101,108,111]。多数的研究都是基于瑞利衰落或莱斯衰落。另外，个别论文在无统一分析框架的情况下估计了错误概率。

以往的性能分析方法是在分集之前对解跳后的衰落信号幅度的条件概率密度求平均，我们采用另一种方法获得 BER 的数学表达式。利用 Nakagami-m 衰落信号的平方包络之和的概率密度函数，或者 gamma 变量之和，然后对每个比特，求分集后信号功率与噪声干扰密度比（SNIR）的条件概率密度函数的平均值。这种方法的主要优点是：对不同的衰落信道都可以在统一的分析框架下分析系统性能。

从文献[114]看出：噪声归一化接收机对噪声功率测量误差相对不敏感，干扰信号衰落对系统性能的影响也不明显。因此假设噪声功率测量没有误差，部分带干扰不受衰落信道影响。

噪声归一化合并的 FFH/MFSK 接收机的框图如图 5.4 所示。每个 $M$ 进制符号用 $M = 2^r$ 个正交的 $\{f_i\}_{i=1}^M$ 表示，其中 $M$ 为 MFSK 调制的阶数，$r$ 为每个传输符号的位数。假设 MFSK 信号中每个符号 $L$ 跳，跳频速率 $R_h = LR_s$，$R_s$ 为符号速率。MFSK 解调器中每个通带滤波器的等效噪声带宽 $B = R_h$。每个跳频信号都经过一个存在 AWGN 和 PBJ 的频率非选择性 Nakagami 慢衰落信道。AWGN 和 PBJ 的均值都为零，单边功率谱密度（PSD）分别为 $N_0$ 和 $N_I$。但是，PBJ 仅干扰传输带宽的一部分 $\kappa$。因此，第 $k$ 跳信号的总噪声方差 $\sigma_k^2 = (N_0 + N_I/\kappa)B$ 的概率为 $\kappa$，总噪声方差 $\sigma_k^2 = N_0B$ 的概率为 $1-\kappa$。用 $\sqrt{2}a_k$ 来描述第 $k$ 个 Nakagami 衰落跳频信号的幅度，则第 $k$ 跳的瞬时信号功率与噪声干扰密度比 $\gamma_k = a_k^2/\sigma^2$。对于常用衰落信道中 $a_k$ 和 $\gamma_k$ 的 PDF 可在文献[124]中找到。对于 Nakagami-m 模型，$\gamma_k$ 的 PDF 用下式表示：

$$p_{\gamma_k}(\gamma_k) = \left(\frac{m_k}{\overline{\gamma}_k}\right)^{m_k} \frac{\gamma_k^{m_k-1}}{\Gamma(m_k)} e^{-\frac{m_k\gamma_k}{\overline{\gamma}_k}}, \quad k = 1, 2, \cdots, L \tag{5-7}$$

式中：$\Gamma(\cdot)$ 为伽马函数；$m_k$ 为衰落参数；$\overline{\gamma}_k$ 为第 $k$ 跳的平均 SNIR，$\overline{\gamma}_k = E(\gamma_k) = E\{a_k^2\}/\sigma_k^2 = \Omega_k/\sigma_k^2$。假设每个符号的能量为 $E_s$，则 $\overline{\gamma}_k = \hat{\gamma}_k = \dfrac{E_s}{(N_0 + N_I/\kappa)L}$ 的概率为 $\kappa$，$\overline{\gamma}_k = \tilde{\gamma}_k = \dfrac{E_s}{N_0 L}$ 的概率为 $1-\kappa$。$E_s$ 与每比特能量 $E_b$ 的关系为 $E_s = rE_b$。

## 2．性能分析

假设 $L$ 跳中有 $i$ 跳被干扰，一个符号持续期间的决定性变量表示为

$$Z_n = \sum_{k=1}^{L} Z_{nk}，\quad n = 1,2,\cdots,M \tag{5-8}$$

式中：$Z_{nk}$ 为噪声归一化检测器对应于第 $k$ 跳的传输频率 $f_n(n=1,2,\cdots,M)$ 时的输出。

假设传输频率为 $f_1$，则在给定 $\gamma_k$ 和 $i$ 时 $Z_{1k}$ 的概率密度函数为

$$p_{Z_{1k}}\left(Z_{1k}\big|\gamma_k,i\right) = 1/2 \cdot \mathrm{e}^{-(\gamma_k + Z_{1k}/2)} \mathrm{I}_0\left(\sqrt{2\gamma_k Z_{1k}}\right) u(Z_{1k}) \tag{5-9}$$

式中：$u(\cdot)$ 为单位阶跃函数；$\mathrm{I}_0(\cdot)$ 为第一类零阶修正贝塞尔函数。

$Z_{nk}(n=2,\cdots,M)$ 的概率密度函数为

$$p_{Z_{nk}}\left(Z_{nk}\big|\gamma_k,i\right) = 1/2 \cdot \mathrm{e}^{-Z_{nk}/2} u(Z_{nk})，\quad n = 2,\cdots,M \tag{5-10}$$

因此，$Z_{1k}$ 是偏心的 chi 平方变量，具有两个自由度和偏心参数 $2\gamma_k$，$Z_{nk}(n=2,\cdots,M)$ 是具有两个自由度的中心 chi 平方变量。令 $\gamma = \sum_{k=1}^{L} \gamma_k$ 为每个符号的信号功率与噪声干扰密度比，则 $Z_1$ 为具有 $2L$ 自由度、偏心参数是 $2\gamma$ 的偏心 chi 平方变量，$Z_n(n=2,\cdots,M)$ 为具有 $2L$ 自由度的中心 chi 平方变量。$Z_1$ 和 $Z_n(n=2,\cdots,M)$ 的条件概率密度函数为

$$p_{Z_1}\left(Z_1\big|\gamma,i\right) = 2^{-\frac{L+1}{2}} \left(\frac{Z_1}{\gamma}\right)^{(L-1)/2} \mathrm{e}^{-\left(\gamma + \frac{Z_1}{2}\right)} I_{L-1}\left(\sqrt{2\gamma Z_1}\right) u(Z_1) \tag{5-11}$$

$$p_{Z_n}(Z_n) = \frac{(Z_n/2)^{L-1}}{2(L-1)!} \mathrm{e}^{-\frac{Z_n}{2}} u(Z_n) \tag{5-12}$$

当给定 $\gamma$ 和 $i$ 时，误符号条件概率为

$$P_s\big|\gamma,i = 1 - \int_0^\infty p_{Z_1}(Z_1|\gamma,i)\left[\int_0^{Z_1} p_{Z_n}(Z_n)\mathrm{d}Z_n\right]^{M-1}\mathrm{d}Z_1 \tag{5-13}$$

将式（5-12）代入式（5-13），用二项式定理展开并进一步用多项式定理，可得

$$
P_s\big|\gamma,i = \int_0^\infty p_{Z_1}(Z_1|\gamma,i)\sum_{n=1}^{M-1}(-1)^{n+1}\mathrm{e}^{-\frac{Z_1}{2}n}\frac{(M-1)!}{(M-1-n)!}
$$
$$
\times \sum_{n_0+n_1+\cdots+n_{L-1}=n}\frac{\left(\frac{Z_1}{2}\right)^{n_0\cdot 0}\cdot\left(\frac{Z_1}{2}\right)^{n_1\cdot 1}\cdots\left(\frac{Z_1}{2}\right)^{n_{L-1}\cdot(L-1)}}{n_0!\cdot n_1!\cdots n_{L-1}!\cdot(0!)^{n_0}\cdot(1!)^{n_1}\cdots((L-1)!)^{n_{L-1}}}\mathrm{d}Z_1 \tag{5-14}
$$

令

$$\alpha = \left[\prod_{k=0}^{L-1}n_k!(k!)^{n_k}\right]^{-1}, \quad y = \sum_{k=0}^{L-1}k\cdot n_k \tag{5-15}$$

则

$$P_s\big|\gamma,i = \int_0^\infty p_{Z_1}(Z_1|\gamma,i)\sum_{n=1}^{M-1}(-1)^{n+1}\mathrm{e}^{-\frac{Z_1}{2}n}\frac{(M-1)!}{(M-1-n)!}\sum_{n_0+n_1+\cdots+n_{L-1}=n}\alpha\left(\frac{Z_1}{2}\right)^y\mathrm{d}Z_1 \tag{5-16}$$

将式（5-11）代入式（5-16）可得

$$
P_s\big|\gamma,i = 2^{-\frac{L+1}{2}}\mathrm{e}^{-\gamma}\gamma^{-\frac{L-1}{2}}\sum_{n=1}^{M-1}(-1)^{n+1}\frac{(M-1)!}{(M-1-n)!}\times
$$
$$
\sum_{n_0+n_1+\cdots+n_{L-1}=n}\frac{\alpha}{2^y}\int_0^\infty Z_1^{\frac{L-1}{2}+y}\mathrm{e}^{-\frac{Z_1}{2}(1+n)}I_{L-1}(\sqrt{2\gamma Z_1})\mathrm{d}Z_1 \tag{5-17}
$$

对式（5-17）中积分的估算[125]，可得

$$
P_s\big|\gamma,i = \mathrm{e}^{-\gamma}\sum_{n=1}^{M-1}(-1)^{n+1}\frac{(M-1)!}{(M-1-n)!}\times
$$
$$
\sum_{n_0+n_1+\cdots+n_{L-1}=n}\frac{\alpha}{(n+1)^{y+L}}\frac{(y+L-1)!}{(L-1)!}\,_1F_1\left(L+y,L;\frac{\gamma}{n+1}\right) \tag{5-18}
$$

式中：$_1F_1(a,b;x)$ 为退化的超几何函数。

当给定 $L$ 跳中有 $i$ 跳被干扰时，条件误码率为

$$P_s|i = \int_0^\infty P_s|\gamma, i \cdot p_\gamma(\gamma) \mathrm{d}\gamma \tag{5-19}$$

式中：$p_\gamma(\gamma)$ 为 $\gamma$ 的概率密度函数，可从 $\gamma$ 的特征函数（CF）获得

$$\phi_\gamma(jt) = \int_{-\infty}^\infty p_\gamma(\gamma) \mathrm{e}^{jt\gamma} \mathrm{d}\gamma$$

利用这个关系式可得

$$p_\gamma(\gamma) = \frac{1}{2\pi} \int_{-\infty}^{+\infty} \phi_\gamma(jt) \cdot \mathrm{e}^{-jt\gamma} \mathrm{d}t \tag{5-20}$$

将式（5-18）、式（5-20）代入式（5-19），交换积分和求和的次序，可得

$$\begin{aligned}
p_s|i = \sum_{n=1}^{M-1} (-1)^{n+1} \frac{(M-1)!}{(M-1-n)!} \sum_{n_0+n_1+\cdots+n_{L-1}=n} \frac{\alpha}{(n+1)^{y+L}} \frac{(y+L-1)!}{(L-1)!} \\
\times \frac{1}{2\pi} \int_{-\infty}^\infty \phi_\gamma(jt) \left[ \int_0^\infty \mathrm{e}^{-\gamma} {}_1F_1\left(L+y, L; \frac{\gamma}{n+1}\right) \mathrm{e}^{-jt\gamma} \mathrm{d}\gamma \right] \mathrm{d}t
\end{aligned} \tag{5-21}$$

式（5-21）括号内的积分可被估算，可得

$$\begin{aligned}
p_s|i = \sum_{n=1}^{M-1} (-1)^{n+1} \frac{(M-1)!}{(M-1-n)!} \sum_{n_0+n_1+\cdots+n_{L-1}=n} \frac{\alpha}{(n+1)^{y+L}} \frac{(y+L-1)!}{(L-1)!} \\
\times \frac{1}{2\pi} \int_{-\infty}^\infty \phi_\gamma(jt) \frac{1}{jt+1} {}_2F_1\left(L+y, 1; L; \frac{1}{(n+1)(jt+1)}\right) \mathrm{d}t
\end{aligned} \tag{5-22}$$

式中：${}_2F_1(a,b;c;x)$ 为高斯超几何函数。

既然误符号率函数 $P_s(e|i)$ 是实数，那么式（5-22）可进一步写为

$$\begin{aligned}
p_s|i = \sum_{n=1}^{M-1} (-1)^{n+1} \frac{(M-1)!}{(M-1-n)!} \sum_{n_0+n_1+\cdots+n_{L-1}=n} \frac{\alpha}{(n+1)^{y+L}} \frac{(y+L-1)!}{(L-1)!} \\
\times \frac{1}{\pi} \int_{-\infty}^\infty \mathrm{Re}\left[ \phi_\gamma(jt) \frac{1}{jt+1} {}_2F_1\left(L+y, 1; L; \frac{1}{(n+1)(jt+1)}\right) \right] \mathrm{d}t
\end{aligned} \tag{5-23}$$

用文献[125]中式（9.111）的积分代替 ${}_2F_1(a,b;c;x)$，即

$$_2F_1(a,b;c;x) = \frac{\Gamma(c)}{\Gamma(b)\Gamma(c-b)} \int_0^1 t^{b-1}(1-t)^{c-b-1}(1-tx)^{-a} \mathrm{d}t \tag{5-24}$$

式（5-23）可以容易地用被积函数是基本函数的双积分表示。

将不同衰落分布的特征函数 $\phi_\gamma(jt)$ 代入式（5-23），这种通用方法适用于分集支路为任意衰落分布的常用信道，如瑞利、Nakagami-q、Nakagami-m、Nakagami-n（莱斯）多径衰落模型，以及对数正态阴影和合成多径/阴影分布等。

Nakagami-m 衰落信道的特征函数为

$$\phi_\gamma(jt) = \prod_{l=1}^{L}\left(1 - jt\frac{\overline{\gamma}_l}{m_l}\right)^{-m_l} \tag{5-25}$$

则误符号率为

$$P_s = \sum_{i=0}^{L}\binom{L}{i}\kappa^i(1-\kappa)^{L-i}P_s\big|i \tag{5-26}$$

因此，误码率性能可估算为

$$P_b = \frac{M}{2(M-1)}P_s \tag{5-27}$$

当 $L=1$，$\alpha=1/n!$，$y=0$ 和 $_1F_1(1,1;z)=e^z$ 时，式（5-18）简化为

$$P_s\big|\gamma,i = \sum_{n=1}^{M-1}(-1)^{n+1}\frac{1}{n+1}\binom{M-1}{n}e^{-\frac{n}{n+1}\gamma} \tag{5-28}$$

相应地，式（5-28）简化为

$$P_s\big|i = \sum_{n=1}^{M-1}(-1)^{n+1}\frac{1}{n+1}\binom{M-1}{n}\phi_\gamma\left(-\frac{n}{n+1}\right)$$
$$= \sum_{n=1}^{M-1}(-1)^{n+1}\frac{1}{n+1}\binom{M-1}{n}\left(1+\frac{n}{n+1}\cdot\frac{\overline{\gamma}}{m}\right)^{-m} \tag{5-29}$$

则误符号率为

$$P_s = \kappa\sum_{n=1}^{M-1}(-1)^{n+1}\frac{1}{n+1}\binom{M-1}{n}\left(1+\frac{n}{n+1}\cdot\frac{\hat{\gamma}}{m}\right)^{-m}$$
$$+ (1-\kappa)\sum_{n=1}^{M-1}(-1)^{n+1}\frac{1}{n+1}\binom{M-1}{n}\left(1+\frac{n}{n+1}\cdot\frac{\tilde{\gamma}}{m}\right)^{-m} \tag{5-30}$$

式中

$$\hat{\gamma} = \frac{E_s}{N_0 + N_I/\kappa}, \quad \tilde{\gamma} = \frac{E_s}{N_0}$$

在无衰落 AWGN 信道（$L=1$，$m\to\infty$）中，式（5-30）为

$$P_s = \kappa\sum_{n=1}^{M-1}(-1)^{n+1}\frac{1}{n+1}\binom{M-1}{n}e^{-\frac{n}{n+1}\hat{\gamma}} + (1-\kappa)\sum_{n=1}^{M-1}(-1)^{n+1}\frac{1}{n+1}\binom{M-1}{n}e^{-\frac{n}{n+1}\tilde{\gamma}} \tag{5-31}$$

### 3．数值仿真结果

假设当 $k = 1, \cdots, L$ 时，$m_k = m$，$\Omega_k = \Omega = E_b/T_b$。图 5.5 表示噪声归一化接收机在无分集（$L=1$）Nakagami-m 衰落下进制数 $M$ 为 2、4、8，衰落参数 $m$ 为 0.5、1、2、∞时，以每比特信干比（SIR）为函数的最坏情况下的 BER 性能曲线。从曲线中可以看出，噪声归一化接收机的 BER 性能随着 $m$、$M$ 的增加变得越来越好。这是因为衰落越来越不严重，而且 MFSK 调制的阶数增加了。不仅如此，在 $m$、$L$ 取相同值时，MFSK 调制的阶数越高，噪声归一化接收机的 BER 性能就越好。

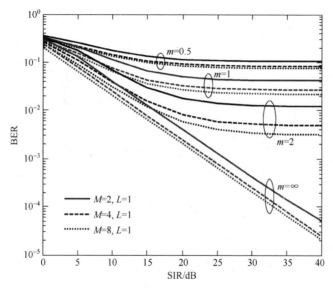

图 5.5　$L=1$，不同 $m$、$M$ 时 Nakagami 衰落信道下噪声归一化接收机的
最坏情况误码率（见彩图）

图 5.6 为 $L=3$，$M$ 为 2、4、8，$m$ 为 0.5、1、2 时，在 Nakagami 衰落信道下噪声归一化接收机的最坏情况 BER 与 SIR 的关系曲线。从图中可以看出：当 SIR<5dB 时，无分集接收的 BER 性能优于分集数目取 3 时的 BER 性能；当 SIR>5dB 时，分集数目取 3 时的 BER 性能大大好于无分集接收的 BER 性能。

图 5.7 对比了 Nakagami 衰落信道下，当 $M$ =4，$L$ 为 3、4、5，$m$ 为 0.5、1、2 时，噪声归一化接收机的最坏情况 BER 与 SIR 的关系曲线。曲线显示：在相同衰落参数的信道中，提高分集的数目就会得到好的 BER 性能。

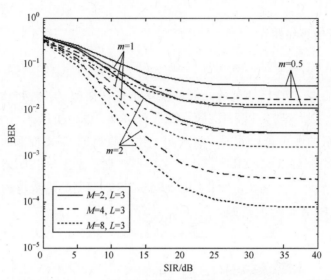

图 5.6 *L*=3，不同 *m*、*M* 时 Nakagami 衰落信道下噪声归一化接收机的
最坏情况误码率（见彩图）

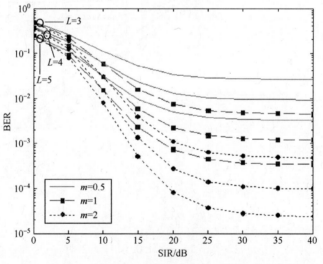

图 5.7 *M*=4，不同 *m*、*L* 时 Nakagami 衰落信道下噪声归一化接收机的
最坏情况误码率（见彩图）

## 5.4 平流层通信二维扩频抗干扰技术

通信扩频抗干扰主要采用直接序列扩频、跳频以及二者的组合扩频技术。其中，直接序列扩频是一种一维时域扩频方法，抗窄带干扰能力强；同时，

将有用信号深埋于噪声谱之中，很难在背景噪声中检测到该信号[126]，提高了通信的安全保密性，如图 5.8 所示。所以平流层通信也可以采用直接序列扩频进行抗干扰通信。但是，直接序列扩频本身在抵抗信道衰落方面不理想，会产生多址干扰和符号间干扰，导致扩频传输存在远近效应、传输速率低等问题。

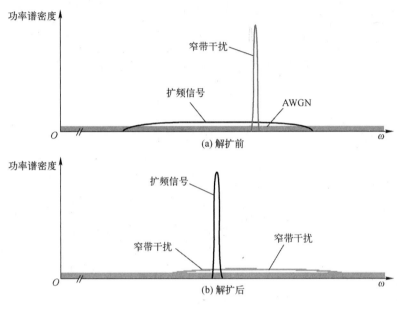

图 5.8　直接序列扩频通信的谱效应

## 5.4.1　广义二维扩频通信系统模型

为了解决衰落信道中单载波直接序列扩频系统存在的问题，多载波扩频技术受到了广泛的关注。目前，大多数多载波扩频是在正交频分复用（OFDM）技术的基础上进行的，有效地解决了符号间干扰问题，也有效地解决了信道的频率选择性问题[127]。1993 年，Linnartz 等提出了多载波 CDMA（MC-CDMA）技术，在频域上具有分集能力，抗衰落性能良好；但多址能力较低，也就降低了平流层通信装备的组网容量。为了改善性能，简单地将 DS-CDMA 和 MC-CDMA 串联起来形成一种新的扩频技术，这就是传统的二维扩频（2D-SS）技术，系统结构如图 5.9 所示。

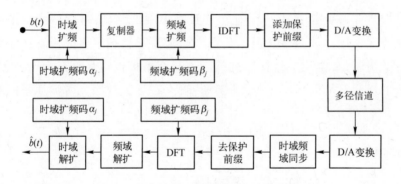

图 5.9　传统二维扩频系统模型

图 5.9 中，IDFT 表示逆离散傅里叶变换，DFT 表示离散傅里叶变换。二维扩频分别在时域、频域对原始信号进行频谱扩展，是传统的时域扩频、频域扩频的推广。由于二维扩频系统采用了两组扩频码，充分利用了两种一维扩频的特性，使系统有更大的处理增益、更强的多址能力和较好的抗衰落性能[128]。但是该二维扩频方法中的扩频矩阵的任意两列均相关，见下式：

$$H = \beta^{\mathrm{T}}\alpha = \begin{Bmatrix} \alpha_1\beta_1 & \alpha_2\beta_1 & \cdots & \alpha_N\beta_1 \\ \alpha_1\beta_2 & \alpha_2\beta_2 & \cdots & \alpha_N\beta_2 \\ \vdots & \vdots & & \vdots \\ \alpha_1\beta_M & \alpha_2\beta_M & \cdots & \alpha_N\beta_M \end{Bmatrix} \qquad (5\text{-}32)$$

使得检测信号的检测方法变得简单，信号容易被截获，保密性降低、抗干扰性能减弱，因此，这种二维扩频方法在平流层通信中的应用有很大的局限性。文献[129]提出一种广义二维扩频技术，如图 5.10 所示。

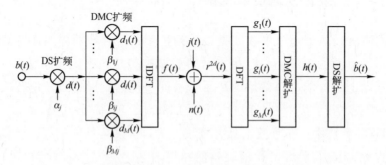

图 5.10　广义二维扩频系统模型

图 5.10 中，DMC 表示离散多载波。原始输入信息 $b(t)$，经直接序列扩频后，输出 $d(t)$：

$$d(t) = \sum_{j=1}^{N} b(t)\alpha_j \Omega(t-(j-1)T_c) \qquad (5\text{-}33)$$

式中：$\alpha_j$ 为对应直接序列扩频序列中的元素（$j=1,2,\cdots,N$，$N$ 为直接序列扩频的处理增益）；$\Omega(t)$ 为宽度等于 $T_c$ 的单位矩形脉冲，即

$$\Omega(t) = \begin{cases} 1, & t \in [0, T_c] \\ 0, & \text{其他} \end{cases} \qquad (5\text{-}34)$$

经 DS 扩频后，信号送到 DMC 扩频模块，将输入的一个码元信号，分成 $M$ 路相同的信号，每路信号再分别与频域扩频序列 $\beta_{i,j}$ 相乘，输出信号为

$$X_{ij}(t) = d(t)\beta_{i,j}\Omega(t-(j-1)T_c) \qquad (i=1,2,\cdots,M;\ j=1,2,\cdots,N) \qquad (5\text{-}35)$$

式中：$\boldsymbol{\beta}$ 为 DMC 的扩频序列组成的矩阵，其列向量分别对应于频域扩频时不同数据位（二维扩频中为码元宽度）的扩频序列，即

$$\begin{aligned} \boldsymbol{\beta}_j &= (\beta_{1j} \quad \beta_{2j} \quad \cdots \quad \beta_{Mj})^{\mathrm{T}}, j=1,2,\cdots,N \\ \boldsymbol{\beta} &= (\boldsymbol{\beta}_1 \quad \boldsymbol{\beta}_2 \quad \cdots \quad \boldsymbol{\beta}_N) \end{aligned} \qquad (5\text{-}36)$$

IDFT 模型如图 5.11 所示。

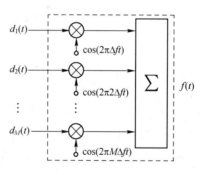

图 5.11　IDFT 模型

图中：$\Delta f$ 为任意的最近两个子载波的间距，共有 $M$ 个子载波，所以总的频带宽度为 $M\Delta f$。设每个子载波的发射功率为 $P_{\mathrm{T}}$，则 IDFT 单元的输出为

$$f(t) = \sum_{i=1}^{M} \sqrt{2P_{\mathrm{T}}} d_i(t)\cos(2\pi i\Delta f t) \qquad (5\text{-}37)$$

将式（5-36）代入式（5-37）可得

$$f(t) = \sum_{j=1}^{N} \sum_{i=1}^{M} \sqrt{2P_{\mathrm{T}}} b(t) \alpha_j \beta_{j,i} \Omega(t-(j-1)T_{\mathrm{c}}) \cos(2\pi i \Delta ft) \qquad (5\text{-}38)$$

$f(t)$ 的矩阵表达式为

$$f(t) = s\beta U \alpha \boldsymbol{\Omega} \sqrt{2P_{\mathrm{T}}} b(t) \qquad (5\text{-}39)$$

式中

$$s = (\cos(2\pi\Delta ft) \quad \cos(2\pi 2\Delta ft) \quad \cdots \quad \cos(2\pi M\Delta ft))$$

$$\boldsymbol{U} = \mathrm{diag}(\Omega(t) \quad \boldsymbol{\Omega}(t-T_{\mathrm{c}}) \quad \cdots \quad \boldsymbol{\Omega}(t-(N-1)T_{\mathrm{c}}))$$

$$\alpha = \mathrm{diag}(\alpha_1 \quad \alpha_2 \quad \cdots \quad \alpha_N)$$

$$\boldsymbol{\Omega} = (\boldsymbol{\Omega}(t) \quad \boldsymbol{\Omega}(t-T_{\mathrm{c}}) \quad \cdots \quad \boldsymbol{\Omega}(t-(N-1)T_{\mathrm{c}}))^{\mathrm{T}}$$

由式（5-39）可知，广义二维扩频矩阵为

$$\boldsymbol{H} = \begin{Bmatrix} \alpha_1\beta_{1,1} & \alpha_2\beta_{1,2} & \cdots & \alpha_N\beta_{1,N} \\ \alpha_1\beta_{2,1} & \alpha_2\beta_{2,2} & \cdots & \alpha_N\beta_{2,N} \\ \vdots & \vdots & & \vdots \\ \alpha_1\beta_{M,1} & \alpha_2\beta_{M,2} & \cdots & \alpha_N\beta_{M,N} \end{Bmatrix} \qquad (5\text{-}40)$$

从式（5-40）可知：广义二维扩频系统的扩频矩阵任意两列均不相关，克服了传统二维扩频系统的缺陷，从而增强了敌人检测信号的难度，提高了系统的保密性和抗干扰能力。

### 5.4.2　广义二维扩频系统抗单频干扰能力分析

单频干扰是对直扩系统实施有效干扰的样式之一，本节仅以抗单频干扰性能为例，研究广义二维扩频系统相对于直扩系统的抗干扰能力。

在图 5.9 中：假设平流层信道是高斯白噪声（AWGN）信道，即 $n(t)$ 表示AWGN，单边功率谱密度为 $N_0/2$；$j(t)$ 表示单频干扰，干扰功率、频率、相位分别为 $J$、$f_{\mathrm{J}}$、$\theta$。则在接收端，去掉保护时隙后，接收机送到 DFT 的输入信号为

$$\begin{aligned} r^{2\mathrm{d}}(t) &= f(t) + n(t) + j(t) \\ &= s\beta U \alpha\Omega \sqrt{2P_{\mathrm{T}}} b(t) + n(t) + j(t) \end{aligned} \qquad (5\text{-}41)$$

在接收端经过 DFT 变化并且解扩后的信号为[130]

$$\hat{b}(t) = \sqrt{P_\mathrm{T}}\,b(t) + N_n^{2\mathrm{d}}(t) + J_n^{2\mathrm{d}}(\theta) \tag{5-42}$$

式中

$$N_n^{2\mathrm{d}}(t) = \frac{1}{NM}\sum_{j=1}^{N}\sum_{i=1}^{M}(\alpha_j)^*(\beta_{ij})^*\frac{1}{T_\mathrm{c}}\int_{(j-1)T_\mathrm{c}}^{jT_\mathrm{c}} n(t)\mathrm{e}^{-\mathrm{j}2\pi m\Delta ft}\,\mathrm{d}t \tag{5-43}$$

$$J_n^{2\mathrm{d}}(\theta) = \frac{\sqrt{J}}{NMT_\mathrm{c}}\sum_{j=1}^{N}\sum_{i=1}^{M}(\alpha_j)^*(\beta_{ij})^*\int_{(j-1)T_\mathrm{c}}^{jT_\mathrm{c}}\mathrm{e}^{\mathrm{j}[2\pi(f_J-m\Delta f)t+\theta]}\,\mathrm{d}t \tag{5-44}$$

当 $f_\mathrm{J} = m\Delta f$ 时，即单频干扰的频率刚好在第 $m$ 个子载波的载频上，由式
（5-44）可知，此时 $J_n^{2\mathrm{d}}(\theta) = \sqrt{\dfrac{J}{M}}$，干扰对系统的影响可以忽略。

在 Matlab 仿真中，设发送数据比特为 4ms，直扩扩频因子为 128，广义
二维扩频因子为 $M=16, N=8$。仿真结果如图 5.12 所示。可见，广义二维扩
频系统的抗单频干扰性能优于直扩系统。

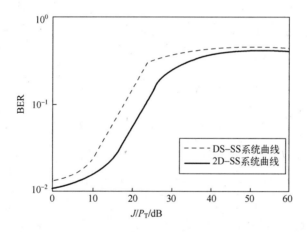

图 5.12　当信噪比为 4dB 时，DS-SS 系统与 2D-SS 系统干信比与误码率的关系曲线

# 第6章 平流层通信应用

平流层平台具有布局灵活、成本低廉、安全可靠的特点，可以为大覆盖范围内的固定和移动用户终端提供多种类型的大信息量通信服务，在国民经济建设领域具有十分广阔的应用前景[131]。

平流层平台可以首先在通信业务繁忙、电磁波场强变化复杂、网络的规划与基站的配置日益困难的中心大城市开通，以缓解急剧膨胀的通信业务量对现有通信设施的压力，并满足新的宽度移动多媒体通信业务的需要。而后，可以增加升空平流层平台个数，逐渐地向农村和偏远地区扩展，最终形成长距离骨干数字通信网络。

遇到自然灾害以及突发事件，在人烟稀少、通信基础不完备或通信设施被破坏的场合，利用临时升空的平流层通信平台为现场与后方指挥机关之间以及散布在现场各地的工作人员之间提供迅速而可靠的通信联络保障。

也可以用若干个平流层平台构成越洋宽带数字通信网，为在远洋航线上的船舶提供语音、数据、视频、传呼和广播服务。与目前正在使用的地区同步轨道卫星海上通信相比，平流层通信具有终端体积小和通信费用低的特点。

另外，利用平流层平台的特点可以实现大范围的电视直播业务。目前，虽然一些大城市的有线电视普及率已很高，但利用平流层平台的直播电视可以为用户提供另一种选择，预计在国内外将拥有巨大的市场，特别是我国广大的农村地区更是为平流层直播电视提供了一个潜在的大市场。和现在的卫星直播电视不同，平流层直播电视的地面接收机无需专门的室外接收天线。而且由于平流层平台和地面终端之间上行信道的存在，电视台与视听者之间可以进行有效的双向通信。可以预期，大范围的点播电视将借助平流层平台在不久的将来成为可能。

1997年以来，美国、日本、韩国和欧盟纷纷投入巨资、倾尽技术能力从事平流层通信的研究，其中尤以美国的研究最为成熟和深入[132-135]。近年来，美国陆军、海军、空军、联合部队司令部，美国导弹防御局，美国国家侦察局，美国航空航天局，美国商业部门均在开展临近空间飞行器技术与应用研究[136]。2003 年 11 月，美国空军空间作战实验室和空间作战中心将"攀登者"无人飞艇（未携带任何设备）释放到 30km 高空进行初期验证试验，并在地面控制下返回基地。2004 年 6 月，开始为"攀登者"飞艇进行配载试验，可以携带质量为 45kg 的通信和监视传感器设备，升入"近太空"区域进行巡航试验，完成地面操作指令反应、地面指挥所控制下的转换飞行以及点目标上空 5min 悬浮、降落、返航等试验任务[137]；2005 年，美国国防部公布的《2005—2030 年无人机系统路线图》首次将临近空间飞行器列入无人飞行器系统范畴[138]；2005 年，美国空军航天司令部在亚利桑那州上空对"战斗天星"（CombatSkySat）的简易样机进行了 12 次飞行试验，并取得成功。试验中，2 个充氢自由气球在 20km 的高空飞行了 8h，将美国空军信息作战实验室研制的蓝军跟踪转发器 PRC148 的通信距离由 18.5km 扩展到 555km 覆盖范围，与伊拉克国土面积相当。美国空军 2006 年 4 月在"联合远征部队试验"中再一次对"战斗天星"进行了验证。这些演示试验表明，平流层通信能够提供近空间通信支援，可作为卫星和无人机的补充。2005 年 11 月，在一次技术验证试验中，美国成功放飞一艘长 44.5m 的"高空哨兵"飞艇。试验中，飞艇载有一个质量约为 27kg 的设备吊舱进入 22.55km 的高空，并留空 5h[139]。"高空哨兵"平流层飞艇用于实现低成本战术通信和完成情报、监视和侦察任务；2011 年 7 月，美国陆军和洛克希德·马丁公司发射了第一种高空常时演示飞艇（High Altitude Long Endurance Demonstrator，HALE-D），验证高空无人飞艇发展的多种关键技术，如飞艇的发射和控制、通信链路、独特的推进系统、太阳能电池产生、遥控通信和控制能力以及飞行中的军事行动。试验表明，高空飞艇能提高诸如阿富汗那样偏远地区的军事通信能力，那里的山岭地区经常干扰通信信号[140]。高空飞艇是美国导弹防御系统的一部分，主要任务是监视可能飞向北美大陆的弹道导弹和巡航导弹等目标。美国海军研究实验室正在研制高空机载中继与路由器飞行器（High-altitude Airship Relay and Router, HAARR），用以实现舰船之间、舰船与地面部队之间的通信。HAARR 可以从舰船上出发，依靠电发动机和飞艇后部的两个螺旋桨进行机动，预定留空时间为 30 天，预定留空高度为 21.35km，预定定点精度约为 37km。HAARR 从舰船上出发后，1 个月后返回，由另外一艘 HAARR 替换。

　　20 世纪末，日本制定了一个有关临近空间飞行器的"千禧计划"，主要内容包括飞艇囊皮材料、太阳能电池、可再生燃料电池、Ka 波段波束形成天线、飞艇结构设计、飞艇放飞、飞艇控制与飞艇回收等。日本未来的临近空间飞行器预期飞行高度为 20km，计划用于高精度图像摄影、区域监控、情报收集和低功率通信等。

韩国军队从美国购买了 8 艘临近空间飞行器，用于军事监视和预警任务，其上安装了 AN/APG-65 雷达和前视红外吊舱。另外，韩军也在自行研发较小型的临近空间飞行器及其通信载荷，并在积极开展临近空间飞行器的 1kW 可再生燃料电池和太阳能电池的研发。另外，英国、法国、德国、俄罗斯等国家也在积极开展临近空间飞行器及其任务载荷的研究、试验工作，并不断取得进展[141]。

2017 年 9 月，美国的波多黎各遭受飓风埃尔玛的袭击，基础设施包括通信、电力等系统遭到严重损毁，谷歌公司利用平流层热气球实现了对波多黎各灾区的救援。

2019 年 4 月，日本软银携手美国 IT 巨头谷歌的母公司 Alphabet，启动平流层手机基站项目，全面引入 5G 移动通信系统，实现大面积的通信覆盖范围。

我国利用气球或飞艇进行高空探测、武警巡逻及国防应用等都有较长的历史，并且已有一些单位能够研制较小的气球或飞艇[142]。中国科学院光电研究院是我国从事临近空间气球研究较早以及技术积累最雄厚的单位。我国于 20 世纪 70 年代末开始发展临近空间气球，在 80 年代中期建立了完善的临近空间气球系统，可制造最大体积达 $60 \times 10^4 m^3$、放飞质量 2t、升空高度 40km 的气球[143]。2006 年 2 月，国务院颁布实施《国家中长期科学和技术发展计划纲要（2006—2020 年）》，将"高分辨率对地观测系统"列入发展专项，将近空间和平流层飞艇的开发及其高分辨率对地观测的应用研究提到了议事日程[144]。中国的平流层飞艇研制计划起步较晚，国内目前有中国科学院、北京航空航天大学、清华大学等单位在进行研究，但多偏重理论研究，目前还没有飞艇成功上升至临近空间的报告。

概括地讲，在军事应用方面，可利用平流层高空平台对重点区域进行连续长时间监视和观测，对战场进行准确评估；可作为电子干扰与对抗平台，对来袭飞机和导弹等目标实施电子干扰及对抗；可作为无线通信中继平台，提供超视距通信；可作为导弹防御平台，用来监视来袭飞机、舰船和巡航导弹等[132]。

我国海军目前正处于海上战略大转变时期，近海防御，远海防卫是海军的历史使命。平流层高空平台处于绝大多数地面防空导弹杀伤范围之外，抗毁能力强；能在危机发生时迅速发射，并保持在目标地域上空；而且在导弹防御和补充卫星通信等方面存在巨大应用潜力。所以，平流层高空平台特有的优势能补充现有海战场的空白，成为飞机和卫星无法替代的一类飞行器。尤其在一体化指挥平台的架构下，平流层平台与其他作战平台有效地连接在一起，能最大限度地发挥武器系统的实时信息化能力，显著提高体系作战效能。海战场平流层高空平台应用前景包括：

（1）通信。平流层高空平台可以悬停在作战海区指定空域，为作战海区提供宽带、高速、抗干扰及超视距通信[145-146]，实现各作战平台之间的互联、互通、互操作。潜在的应用方向有[146]：

① 包含多媒体在内的广播无线电服务；

② 具备潜在大容量多媒体传输的独立双向战术数据链；

③ 以移动基站或附加网络节点的形式替代现有的军事地面或空中系统；

④ 替代卫星系统，复制卫星的转发器，利用已有的卫星地面收发终端；

⑤ 通过在市内空中设置移动空中平台，覆盖地面移动蜂窝网。

（2）侦察监视。平流层高空平台与航空平台和轨道平台配合使用，可以实现平时和战时任务海区的全方位、全时段的综合侦察监视[147]，及时获取战区情报。

（3）预警探测和导弹防御。凭借较长的滞空时间和飞艇上安装的大型探测设备，平流层高空平台可以为作战海区提供监视和预警探测。它适于观测低空或超低空的远距离目标，对海平面目标的极限探测距离为620km左右[148]。安装导航和定位系统的无人飞艇可以提供战区级的导航与定位服务。采用高空无人飞艇已成为未来导弹防御和空防的一个重要发展趋势。

（4）电子对抗。平流层高空平台可以在作战海区上空长期驻留，进行不间断的电子对抗。干扰敌方地面和海上的警戒、搜索引导、目标指示雷达，减少敌雷达发现目标和预警的时间，为我作战飞机、导弹等提供长时间的电子干扰支援，从而提高这些作战武器在作战过程中的突防能力、作战效能和生存概率；还可以发射高强度的卫星导航干扰信号降低敌方的作战效能，或者发射增强的卫星导航信号，压制敌方对我卫星导航信号的干扰[147]。

（5）武器打击。平流层高空平台搭载一定的武器装备后，根据需要可以从空中迅速对敌地面、海面目标实施打击。这种居高临下的突然性攻击可极大地压缩预警反应时间，提高突防能力，具有很强的战略威慑作用，还可以远程拦截敌方现役和未来可能部署的多种空天进攻平台[147]。

直至今天，还没有一个正式投入运行的 HAPS 网络，尽管已经证实了一些 HAPS 的相关理论和它能带来的益处，但是技术、规章和操作的问题仍没有解决。

# 6.1 空天地一体化的应急通信系统

大型突发性自然灾害往往造成无线基站、传输光缆、有线交换机等通信基础设施的损毁，即使幸免于难的常规通信线路也常常因为超负荷通信流量而陷入瘫痪状态；有时，灾害还可能发生在没有基础设施的地区，如地形复杂的边远山区，如何在最短时间内搭建起一套应急通信系统并保障信息通道畅通，对于挽救人民的生命财产安全至关重要。

目前，在灾害发生的第一时间主要通过卫星通信系统进行应急通信，如利用 Inmarsat I-4 BGAN 卫星网络可以拨打电话、提供数据速率超过 384kb/s 的实时视频广播以及短消息和 Email 等业务[149]，BGAN 终端的质量为 1～3.2kg，携带比较方便，但终端价格高，所需发射功率大，租用和业务使用费都很高，不适合大多数人使用，需要研究新的、适合我国国情和不同应用场景、能够快速部署和响应的应急通信系统。应急通信的发展离不开新一代宽带无线移动通信技术的发展，应急通信系统未来的发展趋势是空基、天基、地基平台相结合，集中式蜂窝网络与分布式网络或多跳中继网络等多种网络相结合，利用手机和笔记本电脑等常规终端即可接入外界网络的一体化通信系统。

## 6.1.1 基于卫星网络的无线应急通信系统

在欧盟资助的研究项目 WISECOM 中开发了一种小型、坚固耐用的卫星终端 WAT（大约为 5kg）用于应急通信，这种终端能够防水、防潮、抗热、抗化学腐蚀性、防尘并具有抗震性，有独立和备用电源以及友好的用户界面，可以在灾害发生的 24h 内快速部署，它起着在局部恢复 GSM 或 3G 基础设施的作用，可以在灾区提供 GSM 或 3G 覆盖，也可以提供互联网接入，使灾区居民和救护人员能够正常使用手机进行话音通信，也可以通过 WiFi 或

WiMAX 接入实现 HTTP 网页浏览、数据传输、收发电子邮件和信息广播[149]。WAT 包括 GSM 和 WiFi 两个模块，这两个模块的集成是软件集成，WAT 利用卫星网络实现应急通信。

图 6.1 为基于 BGAN 的 GSM 无线系统结构，终端部分的 BTS 为微型 GSM 基站，全功率时覆盖范围为 350m，TSTG 是运行着 GSM 系统软件的计算机，能够完成动态地申请卫星调制解调器（Modem）带宽、选择不同速率的编解码器、网络管理等多种功能，GSM 信令和数据信息通过卫星传送到灾区外的核心 GSM 或 3G 网络，NSGS 是网络端 GSM 服务器，BSC 为基站控制器。图 6.2 为基于 BGAN 的 WiFi 系统结构，WiFi 路由器、WISECOM 客户机和 BGAN 终端组成了 WAT 的 WiFi 模块，WISECOM 客户机支持流量和优先级管理、调度、卫星带宽的优化使用等功能。

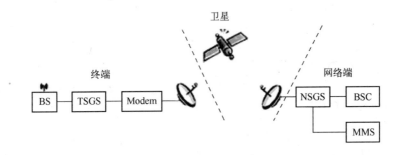

图 6.1　基于 BGAN 的 GSM 无线系统结构

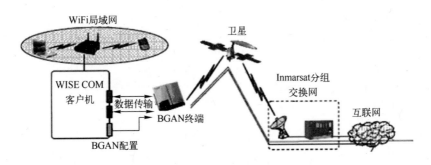

图 6.2　基于 BGAN 的 WiFi 系统结构

WAT 的开发使人们使用手机和笔记本电脑就可以方便地与外界通信，这种应急通信模式值得我们借鉴，但国外的卫星网络租用价格仍然很高。随着我国通信卫星事业的发展，将来我们也可以开发自己的卫星终端，利用自己的通信卫星网络实施应急通信。

## 6.1.2 基于 *x*G（*x* 为 2、3、4、5）技术的应急通信系统方案

### 1. 移动 Ad hoc 网络（MANET）和 *x*G（*x* 为 2、3、4、5）蜂窝网络集成的应急通信系统

MANET 是由多个移动终端组成的多跳、临时性、自组织系统，无需依赖于任何预先架设的网络设施。网络中的移动终端具有路由和报文转发功能，可以通过无线连接快速灵活地构成任意的网络拓扑，在应急通信领域得到广泛的应用。但 MANET 通信链路的传输质量会受"隐节点"问题或信道争用的影响，而且当跳数增加时端对端延时增加，网络连通性和可靠性也会下降[150]。为了能更有效地进行应急通信，可以采取 MANET 与中央控制式蜂窝网相结合构建应急通信系统。一种比较典型的网络构建方案是将 Ad hoc 网络作为蜂窝系统的接入网[151]，如图 6.3 所示，CH-Net 为蜂窝网，BS 为相邻未受灾地区 TD-LTE 基站，AD-Net 为 MANET，TM 在灾区部署的 MANET 终端节点，某些节点工作在蜂窝模式，可以直接或通过多跳方式向 BS 发送数据，某些节点工作在 Ad hoc 模式，动态地搜寻和建立到 BS 的多跳路由，节点的多跳转发能力有效地扩大了蜂窝移动通信系统的覆盖范围。

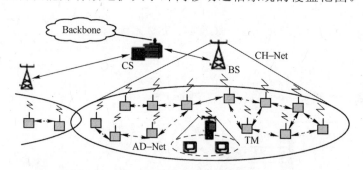

图 6.3　MANET 和蜂窝网相结合的应急通信系统示意图

这种方案适用于灾区附近地区基础设施较发达的应用场合，蜂窝网不仅可以是现有的 GSM、3G 网络，还可以采用 TD-SCDMA 的长期演进（TD-LTE）技术，与 3G 相比，TD-LTE 的上行/下行峰值速率更高，网络传输延时更低，覆盖范围更广，在整体架构上基于分组交换，能够很好地满足多媒体业务的对时间和可靠性的要求。在这种网络架构中，需要研究的问题是 Ad hoc 网络中的物理层、链路层和网络层如何采用相应的措施提供对 3G、B3G 业

124

务的 QoS 保证。

## 2. 基于高空平台的 *xG*（*x* 为 2、3、4、5）空天应急通信系统

高空平台（HAP）可以随时升起和降落，部署灵活快速，既可以作为空中基站，也可以作为中继站使用。与卫星通信相比，HAP 的整体成本更低，而且 HAP 位于国境之内，主权、所有权和管理权均属本国，因此更适合于抢险救灾等局部业务[152]。其次，HAPS 的传播延时更小，如距地面 25km 的 HAPS 单程传输延时为 0.083ms，距地面 1390km 的近地卫星单程传播延时为 5ms，而同步卫星的传播延时更长，因此卫星需要使用复杂的电子设备对付信号传播延时造成的路径损耗,而 HAP 空基平台和地面终端设备的发送功率相对卫星设备小得多,这可以使天线和电子设备做得更小,便于携带。此外，HAPS 对于地面监测的精度也更高，如 Angel 公司的 Halo 宽带 HAPS 网络提供的数据密度比卫星高近千倍。

国外研究表明，HAP 可以作为陆地移动通信系统的补充，提供基于 WCDMA 的 IMT-2000 无线业务和 B3G 业务[153-154]。如图 6.4 所示的 HAP 和卫星相结合的网络结构可用于为不发达的边远贫困地区提供电信业务[155]。这种结构同样可用于应急通信中，将 HAP 部署在灾区上空作为 2G、3G、4G 或 5G 蜂窝移动通信系统的空中基站，灾区用户使用常规的手机即可通信，不需要配备特殊终端设备，灾区附近的网关提供基站到陆地网络的本地回程链路，到更远地区的回程可以通过卫星链路。

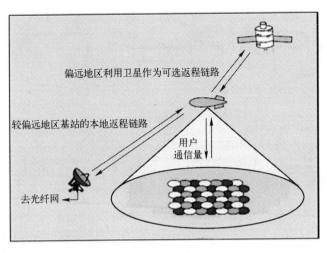

图 6.4　HAP 和卫星相结合的蜂窝通信系统结构

### 6.1.3 基于 WiMAX 技术的应急通信系统方案

基于 WiMAX 的宽带无线通信技术可在视距和非视距情况下提供快速互联网接入和话音、视频等宽带多媒体业务，而且具有低成本、广覆盖、支持移动多跳中继和组播/广播业务（MBS）等应急通信必备的特点，因此被广泛应用在应急通信中。WiMAX 采用 IEEE 802.16 协议体系，当前的最新版本包括 802.16.2-2004、802.16k-2007、802.16-2009、802.16j-2009 和 P802.16m，其中，固定和移动宽带无线接入系统的空中接口标准 802.16-2009 和多跳中继宽带无线接入系统的空中接口标准 802.16j-2009 标准都增加了对组播/广播业务的支持。

**1. 基于 IEEE 802.16j 的陆地多跳中继应急通信系统**

图 6.5 描述了 802.16j 在应急通信中的应用场景，图（a）和（b）分别表示灾前和灾后的通信状况[156]。从图中可以看出，灾难发生后，原有的 3 个WiMAX 基站被毁坏，通过部署 5 个 WiMAX 中继站 $RS_1 \sim RS_5$ 可以提供灾区的临时覆盖，MBS 预先通过基站 BS 发送到各 RS 以实现 RS 与 BS 之间的同步，然后由中继站发送给移动用户。这种应急通信方案适用于灾区及周边地区已有 WiMAX 城域网的情况。

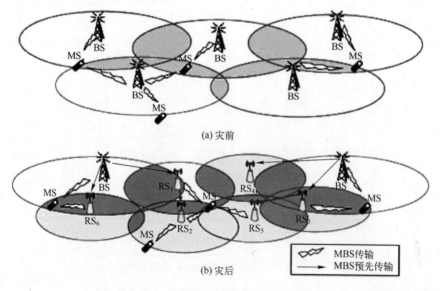

(a) 灾前

(b) 灾后

图 6.5　利用中继站进行的应急通信

## 2. 基于 WiMAX 的空天地应急通信系统

为了实现更大范围的通信，随时将灾情和需要传送到更远的控制中心，单靠 WiMAX 系统是不够的，需要考虑 WiMAX 网络与其他宽带陆地网和高空平台、天基平台（卫星）的互联互通，形成一个空天地一体化的集成网络。由于 HAP 与 WiMAX 地面设备之间的通信距离与典型的 WiMAX 基站覆盖半径在同一数量级，因此 WiMAX 设备与 HAP 互连不需要修改 WiMAX 空中接口，HAP 的通信载荷可以直接采用 WiMAX 毫微微基站或 WiMAX 中继站，而 WiMAX 与卫星互连则需要修改 WiMAX 空中接口[157]。而且，由于分配给 3G 移动通信的 2～6GHz 无线频谱——2GHz、3.5GHz 和 5.5GHz 也已分配给了 HAP，因此该频段的移动通信完全可以由 WiMAX 来完成[158]。在这个频段上电波的雨雪衰落比 Ku 频段卫星通信小很多，能够进一步降低信号的传播损耗。

WiMAX 陆地网与 HAP 和卫星的集成方法有很多，图 6.6 和图 6.7 给出了两种可能的网络结构[159]，在这两种情况下，灾区用户都只需要配备 WiMAX 用户终端（MS），HAPS 有效载荷中除必要的通信和控制处理设备外，还可以包括照相机、GPS 接收机等，HAP 拍摄的图片和 GPS 定位数据经专用链路传送到卫星，再由卫星传输到远方控制中心。图 6.6 适用于地形复杂不易部署 RS 的山区场景，而且，由于山体阻挡陆地 RS 之间的多跳中继难以有效进行。在这种情况下，可将 HAPS 作为空中 RS 用来扩展网络的覆盖范围（也称为非透明式中继站（NT-RS）），地面上还可另设一个 NT-RS 在应急通信车上用于弥补 HAPS 的覆盖空洞，MS 相互之间可以通过接入链路（access link）经 NT-RS 进行双向通信，NT-RS 通过中继链路（relay link）与未受灾地区的多跳中继基站（MR-BS）连接，MR-BS 可与控制中心（CCS）交换信息并接入骨干网。图 6.7 中的 HAP 作为空中基站为灾区提供应急呼叫和 MBS 信息，灾区 MS 可以通过 HAPS 经卫星接入到其他陆地网络如 3G 基站。这种网络结构适用于灾区附近没有 WiMAX 网络的场景，在这种应用场景中，灾区同样也可部署若干 RS 用来提供整个系统的容量（也称为透明式中继站（T-RS））。

上述基于 WiMAX 的宽带无线应急通信系统的共同特点是在灾区部署 RS，因为 RS 不需要有线回程，比 BS 更适合于灾区使用。

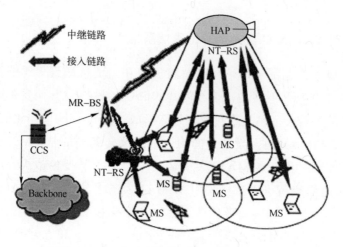

图 6.6　HAP 作为多跳中继网的中继站（一）

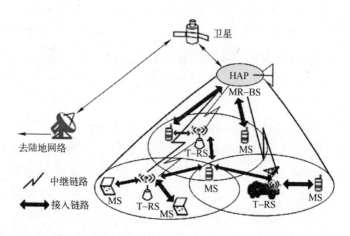

图 6.7　HAP 作为多跳中继网的中继站（二）

　　从上述应急通信系统方案可以看出，应急通信的发展离不开新一代宽带无线移动通信技术的发展，应急通信系统未来的发展趋势是空基、天基、地基平台相结合，集中式蜂窝网络与分布式网络或多跳中继网络等多种网络相结合，利用手机和笔记本电脑等常规终端即可接入外界网络的一体化通信系统。

# 6.2　海战场平流层通信军事应用

　　信息战不仅带给了人们一个全新的作战理念，同时也让人们面临着一个前所未有的复杂电磁环境，这是信息化条件下不容忽视的问题。信息化条件下电磁环境无时不在影响着海上作战平台、武器装备效能发挥和舰艇部队的作战行动。信息化战争的核心是争夺制信息权，这就对负责海战场信息传输的通信系统提出了严峻挑战。未来战争条件下，作战指挥信息系统将用于以信息作战为主体的战争，信息优势将是战争胜负的决定因素[160]。

不管是哪种作战样式，其基本过程都是"信息→决策→武器"，其中信息是基础，指挥决策是核心，武器使用是目的。对应海上编队作战对数据链路的需求，相应地，海战场作战指挥信息系统信息传输体系应包括四个方面的数据链：战情汇集链，从各外部平台获取信息，送入编指一体化指挥平台；态势分发链，编指向成员舰艇分发态势信息，实现信息共享；指挥协同链，作战时指挥文电信息的收发；武器控制链，在指挥信息系统中，根据作战软件的威胁判断，自动装填打击武器目标参数传输给武器平台，实施目标打击。因此，通过战情汇集链和态势分发链，各级指挥节点与空中、岸基和海上平台之间实现作战情报信息的汇集和分发，为指挥决策奠定坚实的基础；通过指挥协同链，保障编队指挥节点对空中、海上协同节点指挥决策的贯彻执行；通过武器控制链，实现编队指挥节点、目标指示平台和武器发射平台间高效的火力打击体系，为指挥决策转化为作战成果提供了有效途径。

海军通信网络可划分为岸基通信网、岸海通信网、海上通信网三个部分。岸基通信网主要保障指挥所和各岸基用户间的通信联络；岸海通信网主要保障岸基用户与水面、空中、水下等作战平台（舰船、飞机、潜艇）间的通信联络；海上通信网主要保障海上编队水面、空中、水下等作战平台（舰船、飞机、潜艇）之间的通信联络。岸基通信网依托光缆信道构成；岸海通信网由超长波、长波、短波、超短波、卫星及数据链等通信手段构成，形成对海、对空、对潜通信的连续覆盖保障能力，支持对舰艇、飞机指挥引导、情报信息传输、态势信息传输、目标指示信息传输，对潜艇超长波和长波发信收信等；海上通信网由短波、超短波、微波、卫星及数据链等通信手段构成，形成对舰艇编队话音、报文、数据、视频等的通信保障能力。

平流层高空平台弥补了作战飞机与人造地球卫星工作范围之间存在的广阔真空地带[147]，完善了立体化战场上的信息栅格层次结构（图 6.8），增强了海军在临近空间的信息传输能力，为海战的胜利提供有力保障。将平流层空中平台作为中继节点，为区域通信提供机动骨干通信网，可以解决超视距高速、宽带、移动通信的难点，为战术通信的异步传输模式（ATM）化提供有效途径，被誉为现代战场的"中继器"。平流层通信还可为战术机动通信突破短波瓶颈提供有力手段；同时，这种空中平台作为各种侦察、监视传感器（探测器）的运载平台，将为侦察监视提供新的手段[161]。

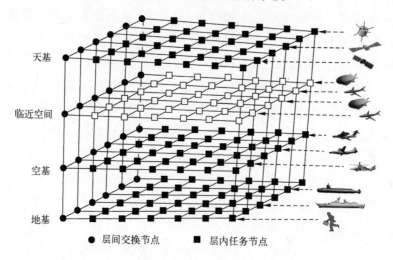

图 6.8　立体化海战场的信息栅格层次结构

海战场中平流层通信的具体应用如下：

（1）战场态势信息分发。海战场态势信息的分发通常由卫星网络担任。可组建平流层通信网作为卫星网络的备份，也可以构成基于卫星和平流层平台一体化的通信网络，构成复式组网，增强抗毁、抗扰能力。

卫星通信"三抗"效果差一直是作为军事通信手段不可弥补的短板，而平流层飞艇采用无金属骨架的软体结构，外层用防电磁波探测的复合材料和玻璃纤维制造，雷达反射面较小，几乎没有雷达回波和红外特征信号，很难被探测[145]，所以抗侦察、抗毁性的能力强，即使被摧毁，重新发射布置也方便。利用平流层飞艇平台中继的通信网可作为卫星网络的备份和补充，形成多种通信手段综合使用、复式组网的格局，增强海军信息传输网络的顽存性。相比于卫星来讲，平流层态势信息分发实时性更高。通过计算，静止军用卫星时延为 12ms，距离地面 20km 处的平流层平台时延仅为 0.083ms，所以通信的实时性大大提高，而且，平流层通信线路调整时间也比卫星短。

（2）战术情报信息的传输与分发。目前，海战场情报信息的传输和分发由各种数据链网络完成。可构建基于平流层平台的战术情报信息分发网络，替代现有的部分网络或弥补现有网络的不足。

编队内部情报信息传输和分发依靠短波地波、超短波、微波信道的数据链达成，远距离由短波信道数据链或以预警机、警戒机等空中平台为中继的微波数据链达成。但短波信道不稳定、信息容量小，可组建平流层通信网络替代现有短波数据链网进行近距离和中远距离通信，或以平流层数据链网为主、短波数据链为辅进行复式组网。也可以利用平流层平台中继超短波和微波数据链进行战术情报信息的传输和分发，比利用预警机、警戒机平台的中继网络通信距离更远，而且滞空时间更长。

（3）传输话音、传真等通信业务的补充手段。现代海战虽然以数据传输为主，但仍然有话音、传真等非格式化的通信业务，可以构建平流层通信网络，作为传输话音、传真等通信业务的补充和备份网络，实现多手段通信，增强海战场信息保障的能力。

（4）应急通信。平流层高空通信平台部署快速，所需地面设备少。一旦平台到位，就可以迅速地建立起战区的通信和侦察体系。可以建立平流层应急通信网，海上各级、各类平台之间通过平流层应急通信网转信达成应急通信。

# 参 考 文 献

[1] 吴佑寿. 平流层通信[J]. 中兴新通讯, 1999(6): 4-7.

[2] 刘霁. 平流层通信系统[J]. 现代电信科技, 1998(9): 44-48.

[3] Mohammed A, Yang Z. Broadband communications and applications from high altitude platforms[J]. International Journal of Recent Trends in Engineering, 2009, 1(3): 239-243.

[4] Daly Grace D, Tozer N E, et al. LMDS from high altitude aeronautical platforms[C]. IEEE GLOBECOM 99, 1999(5): 2625-2629.

[5] Juknic D, Freidenfelds G M, Okuney J Y. Establishing wireless communications service via high-altitude aeronautical platforms: a concept whose time has come[J]. IEEE Communications Magazine, 1997, 35(9): 128-135.

[6] Araniti G, Molinaro A. The role of HAPs in suporting multimedia broadcast and multicast services in terrestrial-satellite integrated system[J]. Wireless Personal Communications, 2005(32): 195-213.

[7] Raschella A, Araniti G, etc. High altitude platforms: Radio resource management[C]. ICST Institute for Computer Sciences, Social-Informatics and Telecommunications Engineering, 2009: 85-93.

[8] Hult T, Mohammed A, Yang Z, etc. Performance of a multiple HAP system employing multiple polarization[J]. Wireless Personal Communications, 2010(52): 105-117.

[9] 刘春, 陈林. 平流层通信的发展现状分析[J]. 无线互联科技, 2011(4): 9-10.

[10] 樊昌信. 一种发展中的新移动通信方式——平流层通信研发概况[J]. 现代电子技术, 2005(19): 1-4.

[11] 吴佑寿. 发展中的平流层通信系统[J]. 工科物理, 2000, 10(4): 1-8.

[12] Liu Song, Niu Zhisheng, Wu Youshou. A Blockage based channel model for high altitude platform communications[C]. Vehicular Technology Conference, 2003(2): 1051-1055.

[13] Karapantazis S, Vlidou F N. Broadband communications via high-altitude platforms: A survey[C]. IEEE Communication Survey & Tutorials, First Quarter, 2005, 7(1): 2-31.

[14] 辛培哲, 林灯生. LDPC 码原理及其在无线通信中的应用前景[J]. 中国新通信,

2006(17)：67-70.

[15] ITU-R Doc. Recommendation ITU-RF. 1569，Technical and operational characteristics for the fixed service using high altitude platform stations in the band 27.5-28.35 GHz and 31-31.3 GHz[S].ITU-R Doc.9BL/25，May 2002.

[16] Tozer T C，Grace D. High-altitude platforms for wireless communications[J]. Electronics&Communication Engineering，2001(7)：127-137.

[17] 顾青，李太杰，诸鸿文. 平流层通信技术[J]. 电信技术，1999(10)：13-16.

[18]  Thornton J，Grace D，Spillard C et al. Broadband communications from a high-altitude platform：the European HeliNet programme[J].Electronics&Communication Engineering，2001(6)：138-144.

[19] widiawan A K，Tafazolli R. High Altitude Platform Station (HAPS)：A Review of New Infrastructure Development for Future Wireless Communications[J]. Wireless Personal Communications，2007(42)：387-404.

[20] ITU-R Resolution 122，Use of the Bands 47.2-47.5GHz and 47.9-48.2GHz by High Altitude Platform Stations (HAPS) in the Fixed Service and by other Services and the Potential Use of Bands in the Range 18-32GHz by HAPS in the Fixed Service[S]，1997.

[21] ITU-R Resolution 122(Rev. WRC-07)，Use of the Bands 47.2-47.5GHz and 47.9-48.2GHz by High Altitude Platform Stations (HAPS) in the Fixed Service and by other Services[S]，2007.

[22] ITU-R Resolution 145 (Rev. WRC-07)，Use of the Bands 27.9-28.2GHz and 31-31.3GHz by High Altitude Platform Stations in the Fixed Service[S]，2007.

[23] ITU-R Resolution 221，Use of High Altitude Platform Stations Providing IMT-2000 in the Bands 1,885-1,980MHz，2,010-2,025MHz in Region 1 and 3 and 1,885-1,980MHz and 2,110-2,160MHz in Region 2[S]，2000.

[24] Androulakakis S P，Judy R A. Status and plans of high altitude airship (HAA[TM]) program[C]. AIAA Lighter-Than-Air Systems Technology (LTA) Conference，Florida，2013：1-9.

[25] 陈树新，程建，张艺航，等. 基于临近空间平台的无线通信[M]. 北京：国防工业出版社，2014.

[26] 刘涛. Ka 频段卫星通信雨衰与抗雨衰问题的研究[D]. 沈阳：东北大学，2008.

[27] ITU-R P.676-7 建议书. 无线电波在大气气体中的衰减[S]. 1990-1992-1995-1997-1999-2001-2005-2007.

[28] ITU-R，Propagation data and prediction methods required for the design of Earth-space telecommunication systems-P.618-9-200708-C，Question ITU-R 206/3[S]. 1986-1990-1992-1994-1995-1997-1999-2001-2003-2007.

[29] ITU-R，The radio refractive index：its formula and refractivity data，Question ITU-R 201/3[S]. 1970-1986-1990-1992-1994-1995-1997-1999-2001-2003.

[30] ITU-Recommendation P.838-3. Specigic attenuation model for rain for use in prediction methods[S]. International Union. Geneva. 2005，03.

[31] ITU-R P.841-4，年度统计数据变换到最坏月份统计数据，ITU-R 201/3 号研究课题 [S]. 1992-1999-2001-2003-2005.

[32] Recommendation ITU-R P.840-3. Attenuation Due to Clouds and FOG，Question ITU-R 201/3[S]. 1992-1994-1997-1999.

[33] Recommendation ITU-R P.618[S].

[34] Loo C. A statistic model for a land mobile Satellite link[C]. IEEE Tran sactions on Vehicular Technology，1985，34 (3)：122-127.

[35] Corazza G E，Vatalaro F. A statistical model for land mobile satellite channels and its application to nongeo stationary orbit systems[C]. IEEE Transactions on Vehicular Technology，1994，43 (3)：738-742.

[36] 杨红卫，何晨，诸鸿文，等. 平流层通信衰落信道的统计模型[J]. 上海交通大学学报，2002，36(3)：331-336.

[37] 程月波. 平流层通信系统天线波束覆盖方案与收发链路性能研究[D]. 上海：上海交通大学，2005.

[38] John T，David G. Optimizing an array of antennas for cellular coverage from a high altitude platform[J]. IEEE Trans On Wireless Communications，2003，2(3)：484-492.

[39] Miura R，Oodo M，Hase Y，et al. digital beamforming array antenna on-board stratospheric platform for quick response SDMA in the band 31/28GHz[C]. 5th International Symposium on Wireless Personal Multimedia Communications，2002(2)：435-439.

[40] Bashir E J. Cellular communications using aerial platforms[J]. IEEE Transactions on Vehicle technology，2001，50(3)：686-670.

[41] 刘波，金荣洪. 平流层通信天线关键技术研究[D]. 上海：上海交通大学，2004.

[42] Avilés J C. High Altitude Platforms for UMTS[D]. Tampere University of Technology，Master of Science Thesis，2007.

[43] 谢颖. 平流层通信系统的关键技术研究[D]. 北京：北京邮电大学，2010.

[44] Adamy D L. EW103：Tactical Battlefield Communication Electronic Warfare [M]. Artech House，2009.

[45] 梁栋，张兴. 信息论简明教程[M]. 北京：北京邮电大学出版社，2009.

[46] Turbo 码[EB/OL]. http：//www.baike.baidu.com/view/413298.htm.

[47] Shannon C E. A mathematical theory of communication[J]. The Bell System Technical，J.1948(27)：79-423，623-656.

[48] 张英. Turbo 码在准 4G 及级联调制系统下仿真研究[D]. 哈尔滨：哈尔滨工程大学，2009.

[49] Berrou C. Near Shannon limit error-correcting coding and decoding：Turbo codes[C]. IEEE ICC-93：1064-1070.

[50] 刘东华. Turbo 码原理与应用技术[M]. 北京：电子工业出版社，2004.

[51] 肖扬. Turbo 与 LDPC 编解码及其应用[M]. 北京：人民邮电出版社，2010.

[52] 吴湛击. 现代纠错编码与调制理论及应用[M]. 北京：人民邮电出版社，2008.

[53] Valenti M C，Cheng S，Seshadri R I. Digital Video Broadcasting[M]. West Virginia University Morgantown. WV 26506-6109 USA.

[54] 储士平，张邦宁. 卫星交互式通信中的 DVB-RCS 技术[J]. 电视技术，2004(5)：41-42.

[55] 万国春，陈岚. DVB-RCS Turbo 码的研究及其实现[J]. 电视技术. 2007(3)：28-33.

[56] Douillard B C，Jezequel C M. Multiple parallel concatenation of circular recursive systematic Convolutional(CRSC) codes[J]. Annals of Telecommunications，1999，54(3-4)：166-172.

[57] 牛兰奇，刘高辉，余宁梅.Turbo 码在 DVB-RCS 标准中的应用[J]. 电视技术，2003(11)：29-37.

[58] Soleymani M R，Gao Yingzi，Vilaipornsawai U. Turbo Coding for Satellite and Wireless Communications[M]. Kluwer Academic Publishers，2002.

[59] Gallager R. Low-Density Parity Check[M]. MIT Press：Cambridge，MA，1963.

[60] Digital video broadcasting(DVB). Userguidelines for the second generation system for broadcasting，interactive services，news gathering and other broad-band satellite applications(DVB-S2) [S]. Transl.:tR Patent 102，376，2005.

[61] Matthew C D，David M. Low-density Parity Check Codes over GF(q) [J]. IEEE Communications Letters，1998，2(6)：165-167.

[62] 袁东风，张海刚. LDPC 码理论与应用[M]. 北京：人民邮电出版社，2008.

[63] 杨兴丽. LDPC 码译码算法的研究[D]. 秦皇岛：燕山大学，2004.

[64] 王珺，杨曙辉，康劲. DVB-S2 标准下 LDPC 码的一种改进型译码算法[J]. 北京信息科技大学学报(自然科学版)，2010，25(1)：49-52.

[65] 刘俊霞，王琳，黎勇. EXIT 图分析多进制 LDPC 码[J]. 重庆邮电大学学报(自然科学版)，2008(5).

[66] Yang M，Ryan W E，Li Y. Design of efficiently encodable moderate-length high-rate irregular LDPC codes[J]. IEEE Transactions on Communication，2004，52(4)：564-571.

[67] ETSI. Digital Video Broadcasting(DVB); Second Generation Framing Structure，Channel Coding and Modulation Systems for Broadcasting，Interactive Services News Gathering and other Broad-band Satellite Applications[S]. EN 302 307 V1.1.1，2004.

[68] Kim S M，Park C S，Sun Y H. A novel partially parallel architecture for high-throughput LDPC decoder for DVB-S2[J]. IEEE Transaction on Consumer Electronics，2010，56(2)：820-825.

[69] Caire G，Taricco G，Biglieri E. Bit-interleaved coded modulation[J]. IEEE Trans. Inf. Theory，1998，44(3)：927-946.

[70] Flikkema P G. Spread-spectrum techniques for wireless communication[J]. IEEE Signal Processing Magazine，1997，14(3)：31-32.

[71] 王鹏. 电台跳频系统的研究[D]. 哈尔滨：哈尔滨理工大学，2003.

[72] 吴斌，于东海，邹采荣. 超宽带跳时扩频调制技术研究[J]. 江苏通信技术，2004，20(1)：11-13.

[73] 宋拥军，金力军. 短波自适应选频系统的帧同步方法[J]. 电子科技，1995(2)：36-37.

[74] 安黄彬，沈有余. 一种基于频域滤波的窄带干扰消除方法[J]. 光电子信息与技术，2005，18(5)：64-68.

[75] Herrick D L，Lee P K. CHESS. a new reliable highspeed HF radio[C]. IEEE MILCOM'96 Conference Proceeding，1996：684-690.

[76] 李旭光，仇洪冰，赵静. 跳时超宽带信号的功率谱分析[J]. 现代电子技术，2004(6)：25-27.

[77] 成大海. 自适应功率估计算法的计算机仿真[J]. 电子学报，1995(3)：115-118.

[78] 李建东，薛富国，杨春刚，等. 认知网络中快速自适应功率控制算法[J]. 西安电子科技大学学报(自然科学版)，2014(2)：186-191.

[79] 杜惠平. 基于菲涅尔区修正结构的多波束自适应天线[J]. 电波科学学报，2007，23(2)：31-36.

[80] Herrick D L，Lee P K. Correlated frequency hop-ping: An improved approach to HF spread spectrum communications[J]. IEEE Proc. of the Tactical Communications Conference，1996：319-324.

[81] Milstein L B. Interference rejection techniques in spread spectrum communications[J]. Proc.IEEE，1988，76(6)：657-671.

[82] 田日才. 扩频通信[M]. 北京：清华大学出版社，2007.

[83] 彭巍，郝威，陈德志. 跳频通信主要干扰模式及抗干扰方法研究[J]. 船电技术，2013(3)：38-41.

[84] 张邦宁，魏安全，郭道省，等. 通信抗干扰技术[M]. 北京：机械工业出版社，2006.

[85] 郭伟. 跳频通信的干扰方式研究[J]. 电子科技大学学报，1996，25(9)：451-455.

[86] 郝威，杨露菁. 跳频技术的发展及其干扰对策[J]. 舰船电子对抗，2004(4)：7-12.

[87] 全厚德，闫云斌，崔佩璋. 跟踪干扰对跳频通信性能影响[J]. 火力与指挥控制，2012(11)：134-136.

[88] 那振宇，高梓贺，郭庆. 对跳频通信系统典型干扰性能的分析[J]. 科学技术与工程，2009，9(8)：2072-2076.

[89] Shanmugan K S，Bataban P. A modified monte carlo simulation technique for the evaluation of error rate in digital communication systems[J]. IEEE Transactions on Communications，1980，28(11)：1916-1924.

[90] 吕光平. 自适应技术在移动通信中的应用[D]. 青岛：山东大学，2005.

[91] Zander J，Malmgren G. Adaptive frequency hopping in HF communications[C]. IEEE proc commun，1995，142(2)：99-105.

[92] 马小骏. 超短波自适应跳频系统的设计与实现[D]. 杭州：浙江大学，2004.

[93] Teh K C，Li K H，Kot A C. Performance analysis of an FFH/BFSK linear-combining receiver against multitone jamming[J]. IEEE Communications Letters，1998，2(8)：205-207.

[94] Robertson R C，Lee K Y. Performance of fast frequency-hopped MFSK receivers with linear combining in a Rician fading channel with partial-band interference[C]. Conference Record of the Twenti-Fifth Asilomar Conference on Signals，Systems and Computers，1991，2：851-855.

[95] Teh K C，Kot A C，Li K H. Error probabilities of an FFT-based FFH/BFSK linear-combining receiver with partial-band noise jamming and AWGN[C]. IEEE 51st Vehicular Technology Conference Proceedings，2000(2)：1410-1414.

[96] Lim T C, He W, Li K H. Rejection of partial-band noise jamming with FFH/BFSK product combining receiver over Nakagami-fading channel[C]. Electronics Letters, 1998, 34(10): 960-961.

[97] Shen Y S, Su S L. Performance analysis of an FFH/BFSK receiver with product-combining in a fading channel under multitone interference[J]. IEEE Transactions on Wireless Communications, 2004, 3(6): 1867-1872.

[98] Teh K C, Kot A C, Li K H. Partial-band jamming rejection of FFH/BFSK with product combining receiver over a Rayleigh fading channel[J]. IEEE Communications Letters, 1997(1): 64-66.

[99] Huo G, Aluoini M S. Another look at the BER performance of FFH/BFSK with product combining over partial-band jammed Rayleigh fading channels[J]. IEEE Transactions on Vehicular Technology, 2001(50): 1203-1215.

[100] Ahmed S, Yang Y L, Hanzo L. Mellin-transform-based performance analysis of FFH M-ary FSK using product combining for combatting partial-band noise jamming[J]. IEEE Transactions on Vehicular Technology, 2008, 57(5): 2757-2765.

[101] Robertson R C, Ha T T. Error probabilities of fast frequency-hopped FSK with self-normalization combining in a fading channel with partial-band interference[J]. IEEE Journal on Selected Areas in Communications, 1992, 10(4): 714-723.

[102] Shen Y S, Su S L. Performance analysis of an FFH/BFSK receiver with self-normalizing combining in a fading channel under independent multitone interference[C]. IEEE Global Telecommunications Conference, 2002(2): 1319-1323.

[103] Teh K C, Kot A C, Li K H. Error probabilities of an FFH/BFSK self-normalizing receiver in a Rician fading channel with multitone jamming[J]. IEEE Transactions on Communications, 2000, 48(2): 308-315.

[104] Keller C M, Pursley M B. Clipped diversity combining for channels with partial-band interference[J]. II : Ratio-statistic combing. IEEE Transactions on Communications, 1989, 37(2): 145-151.

[105] Chua A Y P, Ha T T, Robertson R C. Error robabilities for FFH/BFSK with ratio-statistic combing and soft decoding in a fading channel with partial-band jamming signals[C]. Systems and Computers, 1994.

[106] Shen Y S, Su S L. Performance analysis of an FFH/BFSK receiver with ratio-statistic combing in a fading channel with multitone interference[J]. IEEE Trans. Commun.,

2003, 51(10): 1643-1648.

[107] The K C, Kot A C, Li K H. Partial-Band jammer Suppression in FFH Spread-Spectrum System Using FFT[J]. IEEE Trans. Veh. Technol, 1999, 48(2): 478-486.

[108] Lee J S, Miller L E, Kim Y K. Probability of error analyzes of a BFSK frequency-hopping system with diversity under partial-band jamming interference-Part II : Performance of square-law nonlinear combing soft decision receiver[J]. IEEE Trans. Commun, 1984, 32(12): 1243-1250.

[109] Keller C M, Parsley M B. Clipper diversity combing for channels with partial-band interfence-Part I : Clipper linear combing[J]. IEEE Trans. Commun., 1987, 35(12): 1320-1328.

[110] Chang J J, Lee L S. An exact performance analysis of the clipped diversity combing receiver for FH/MFSK systems against a band multitone jammer[J]. IEEE Trans. Commun., 1994, 42(234): 700-710.

[111] Robertson R C, Ha T T, Error probabilities of fast frequency-hopped MFSK with noise-normalization combining in a fading channel with partial-band interference[J]. IEEE Trans. Commun., 1992(40): 404-412.

[112] Chung C D, Huang P C. Effects of fading and partial-band noise jamming on a fast FH/BFSK acquisition receiver with noise-normalization combination[J]. IEEE Transactions on Communication, 1996(44): 94-104.

[113] Zhu L P, Yao Y, Zhu Y S. Antijam performance of FFH/BFSK with noise-normalization combining in a Nakagami-m fading channel with partial-band interference[J]. IEEE Communications Letters, 2006, 10(6): 429-431.

[114] Robertson R C, Iwasaki H, Kragh M. Performance of a fast frequency-hopped noncoherent MFSK receiver with nonideal adaptive gain control[J]. IEEE Trans. Commun., 1998, 46(1): 104-114.

[115] Aalo V, Ugweje O, Sudhakar R. Performance analysis of a DS CDMA system with noncoherent M-ary orthogonal modulation in Nakagami fading[J]. IEEE Transaction on Vehicular Technology, 1998(47): 20-29.

[116] Teh K C, Kot A C, Li K H. Performance study of a maximum-likelihood receiver for FFH/BFSK systems with multitone jamming[J]. IEEE Transactions on Communications, 1999, 47(5): 766-722.

[117] Han Y, Teh K C. Performance study of suboptimum maximum-likelihood receivers for

FFH/MFSK systems with multitone jamming over fading channels[J]. IEEE Transactions on Vehicular Technology, 2005, 54(1): 82-90.

[118] Zhang J L, Teh K C, Li K H. Performance analysis of a maximum-likelihood FFH/MFSK receiver with partial-band-noise jamming over frequency-selective fading channels[J]. IEEE Communications Letters, 2008, 12(6): 401-403.

[119] Wu T M. A Suboptimal maximum-likelihood receiver for FFH/BFSK systems with multitone jamming over frequency-selective Rayleigh-Fading channels[J]. IEEE Transactions on Vehicular Technology, 2008, 57(2): 1316-1322.

[120] Zh J L, Teh K C, Li K H. Performance analysis of a maximum-likelihood FFH/MFSK receiver with partial-band-noise jamming over frequency-selective fading channels[J]. IEEE Commun. letts., 2008, 12(6): 401-403.

[121] 周志强. 跳频通信系统抗干扰关键技术研究[D]. 成都：电子科技大学，2010.

[122] 杨红卫，何晨，诸鸿文，等. 平流层通信衰落信道的统计模型[J]. 上海交通大学学报，2002(3): 331-336.

[123] McGuffin B F. Jammed FH-FSK performance in Rayleigh and Nakagami-m fading[C]. Military Communications Conference, 2003(2): 1077-1082.

[124] Simon M K, Alouini M S. Digital Communication over Fading Channels[M]. Hoboken, N. J. : John Wiley & Sons, 2004.

[125] Gradshteyn I S, Ryzhik I M. Table of Integrals, Series, and Products[M]. Academic Press: New York, 1980.

[126] 孙剑平，郑剑云，郭金灵，等. 舰艇通信系统原理[M]. 北京：海潮出版社，2001.

[127] 戚骥. 二维扩频通信及其抗干扰技术研究[D]. 成都：电子科技大学，2005.

[128] Xiao L, Liang Q L. A novel MC-2D-CDMA communication system and its detection methods[C]. ICC 2000, New Orleans, USA, 2000: 1223-1227.

[129] Tang Youxi. A column-orthogonal two dimensional spread spectrum technique. 2002 IEEE International Conference on Communications, Circuits and Systems and West Sino Expositions[C]. Chengdu, China, 2002(1): 348-352.

[130] 唐友喜，李少谦. 广义时频二维扩频在加性白高斯噪声信道中的性能[J]. 电子与信息学报，2004(2): 248-253.

[131] 何晨，诸鸿文. 宽带无线中继新技术——平流层通信[J]. 计算机与网络，1999(6): 22-23.

[132] 孙文博. 平流层通信系统研究[D]. 北京：北京邮电大学，2010.

[133] Bruder J A，Greneker E F，Danckwerth D．Application of aerostat radars to drug interdiction[C]．International Radar Conference，1993：181-183．

[134] Elfes A，Bueno S S，Bergerman M，etc．A semi-autonomous robotic airship for environmental monitoring missions[C]．International Conference on Robotics & Automation，1998：3449-3455．

[135] Leva J L．Regional navigation system using geosynchronous satellites and stratospheric airships[J]．IEEE Transaction on Aerospace and Electronic Systems，2002，38(1)：271-278．

[136] Wilson J R．Return of the Military Airship[EB/OL]．http://www.defensemedianetwork/stories/return-of-the-military-airship．

[137] 侯东兴，刘东红．浮空器在军事斗争中的应用及发展趋势[J]．航空兵器，2006(3)：60-64．

[138] Office of the Secretary of Defense．Unmanned aircraft system roadmap 2005-2030[R]．USA：Office of the Secretary of Defense，2005．

[139] 曹秀云．国外加紧研究临近空间飞行器[J]．国防，2007(5)：69-73．

[140] High Altitude Airship (HAA) [EB/OL]．http://www.globalsecurity.org/intell/systems/haa.htm．

[141] 临近空间飞行器[EB/OL]．http://5xts.com/read/31b0c52569a27dc7bf7ef3de.html．

[142] 李伟华,贾小铁．平流层通信及其相关技术的应用前景[J].电力系统通信,2012(33)：52-56．

[143] 段志慧，庞尧，郑义，等．临近空间浮空器发展现状及其趋势[J]．科技创新导报，2013(19)：238．

[144] 童志鹏，曹黄强，王晓钧．以科学发展观统领平流层平台信息系统的发展[J]．装备指挥技术学院学报，2007，18(1)：1-5．

[145] 李焱,才满睿,佟艳春.临近空间飞行器的种类及军事应用[J].中国航天，2007(10)：39-44．

[146] Tozer T，Grace D，Thompson J，Baynham．UAVs and HAPs，Potential Convergence for Military Communication[M]．University of York & DERA Defford，2000．

[147] 郭劲．临近空间飞行器军事应用价值分析[J]．光机电信息，2010(8)：22-27．

[148] 盛红岩．平流层通信技术在军事通信中的应用[J]．电脑知识与技术(学术交流)，2007(17)：1264-1265．

[149] Fazli1 E，Werner1 M，Courville N，et al．Integrated GSM/WiFi backhauling over

satellite: flexible solution for emergency communications[C]. 2008 IEEE Vehicular Technology Conference, 2008: 2962-2966.

[150] Hanzo L, Tafazolli R. A survey of QoS routing solutions for mobile ad hoc networks[J]. IEEE Communications Surveys & Tutorials, 2ND QUARTER 2007, 9(2): 50-70.

[151] Fujiwara T, Iida N, Watanabe T. A hybrid wireless network enhanced with multihopping for emergency communications[C]. 2004 International Conference on Communications, 2004(7): 4177-4181.

[152] 吴佑寿. 高空平台信息系统——新一代无线通信体系：上[J]. 中国无线电管理, 2003(6): 3-8.

[153] El-Jabu B, Steele R. Cellular communications using aerial platforms[J]. IEEE Transactions on Vehicular Technology, 2001, 50(3): 686-700.

[154] Hong T, Ku B, Park J. Capacity of the WCDMA system using high altitude platform stations[J]. International Journal of Wireless Information Networks, 2006, 13(1): 5-17.

[155] Karapantazis S, Pavlidou F N. The role of high altitude platforms in beyond 3G networks[J]. IEEE Wireless Communications, 2005, 12(6): 33-41.

[156] Güvenç I, Kozat U C, Jeong M R, et al. Reliable multicast and broadcast services in relay-based emergency communications[J]. IEEE Wireless Communications, 2008(6): 40-47.

[157] Giuliano R, Luglio M, Mazzenga F. Interoperability between WiMAX and Broadband Mobile Space Networks[J]. IEEE Communications Magazine, 2008(3): 50-57.

[158] Holis J, Pechac P. Elevation dependent shadowing model for mobile communications via high altitude platforms in built-Up areas[J]. IEEE Transactions on Antennas and Propagation, 2008, 56(4): 1078-1084.

[159] Zhu L, Yan X, Zhu Y. High altitude platform-based two-hop relaying emergency communications schemes[C]. The 5th IEEE International Conference on Wireless Communications, Networking and Mobile Computing, Beijing, 2009: 1-4.

[160] 孙剑平, 纪凯, 郑剑云, 等. 舰艇通信系统原理[M]. 北京：国防工业出版社, 2010.

[161] 王洪. 大气层通信技术在军事通信中的应用[J]. 军事技术, 2004(11): 10-12.

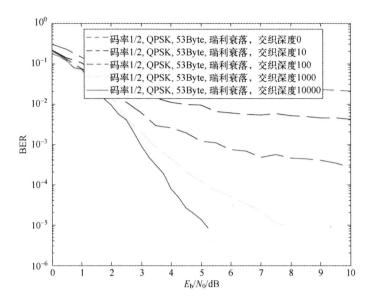

图 4.13　码率为 1/2、QPSK、53Byte、瑞利衰落时交织深度的影响

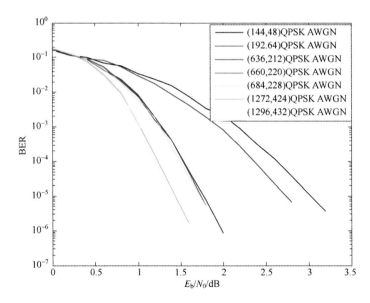

图 4.14　码率为 1/3，最大迭代次数为 10，AWGN 信道下不同交织长度的影响

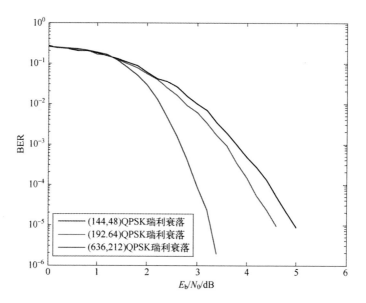

图 4.15　码率为 1/3，最大迭代次数为 10，瑞利信道下不同交织长度的影响

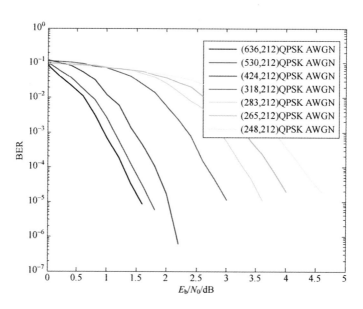

图 4.17　ATM 信元，AWGN 信道，QPSK 调制下 DVB-RCS Turbo 码不同码率的影响

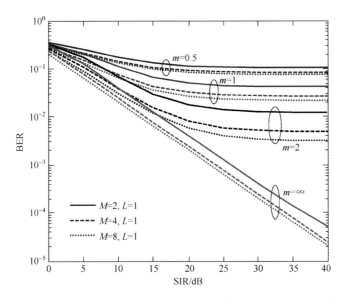

图 5.5 $L=1$，不同 $m$、$M$ 时 Nakagami 衰落信道下噪声归一化接收机的最坏情况误码率

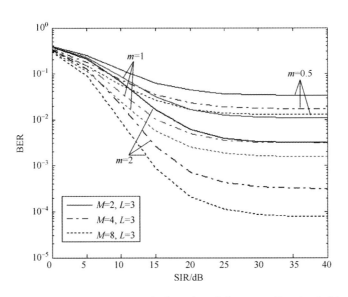

图 5.6 $L=3$，不同 $m$、$M$ 时 Nakagami 衰落信道下噪声归一化接收机的最坏情况误码率

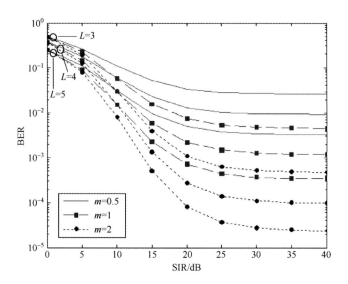

图 5.7　M=4，不同 m、L 时 Nakagami 衰落信道下噪声归一化接收机的最坏情况误码率